Le couvercle

ANATOLE CORDONNIER

LES

ENGRAIS PRATIQUES

EN

HORTICULTURE

Culture Fruitière Sous Verre

ARBRES EN POTS

CULTURE DU CHRYSANTHÈME GRANDE FLEUR

Illustré de Photogravures et Dessins

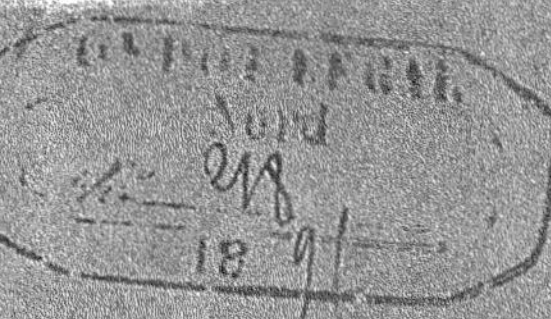

SOMMAIRE:

HISTORIQUE DES ENGRAIS CHIMIQUES. — AVANTAGES ET INCONVÉNIENTS. ENGRAIS « DES GRAPPERIES » ET « PAPILLON ». — CULTURE FRUITIÈRE SOUS VERRE EN FRANCE ET A L'ÉTRANGER. — CONSEILS POUR LA PLANTATION ET LA CONDUITE DES VIGNES, PÊCHERS SOUS VERRE, LA CULTURE DES ARBRES EN POTS, LE CHRYSANTHÈME A GRANDE FLEUR. — EMPLOI DES ENGRAIS PRATIQUES POUR LES ARBRES FRUITIERS ET LA CULTURE POTAGÈRE.

PRIX : 50 CENTIMES.

Envoi franco contre 60 c., chez l'auteur, à Bailleul (Nord).

ANATOLE CORDONNIER

LES ENGRAIS PRATIQUES

EN

HORTICULTURE

Culture Fruitière Sous Verre

ARBRES EN POTS

CULTURE DU CHRYSANTHÈME GRANDE FLEUR

*Illustré de 21 Photogravures et Dessins
et de deux grandes planches hors texte,*

PAR

ANATOLE CORDONNIER
Propriétaire des — Grapperies du Nord — BAILLEUL (Nord)
LAURÉAT DE LA PRIME D'HONNEUR DU DÉPARTEMENT DU NORD EN 1894.

SOMMAIRE :

1895.

MAISON DE COMMERCE

Bailleul, le 15 avril 1895.

C'est sur les sollicitations de nombreux amis et amateurs, que je me suis décidé à mettre à la disposition du public, les engrais qui ont contribué pour une large part, aux résultats que j'ai obtenus depuis 15 ans, dans mes cultures d'amateur à Roubaix d'abord, et ensuite, dans mon établissement des Grapperies du Nord, à Bailleul.

J'avais auparavant, perdu dix années en essais souvent infructueux et surtout coûteux.

C'est aussi pour repondre au désir qui m'en a été si souvent exprimé, que j'ai joint au mode d'emploi de ces engrais, quelques conseils sur la culture sous verre, celle des arbres fruitiers en pots, du chrysanthème, etc., espérant ainsi éviter aux amateurs, les essais infructueux, les fausses manœuvres, le temps et l'argent perdus. Le temps surtout ne se retrouve pas ; une faute commise est une année perdue. Toutefois ce n'est pas sans hésitation que je me suis décidé a publier cette modeste brochure, n'étant ni savant, ni chimiste, mais un simple praticien qui a beaucoup vu, observé et expérimenté, tout en ne perdant pas de vue les enseignements des maîtres de la science.

Mon but sera atteint, si ces quelques pages écrites sans prétention, contribuent à développer le goût de l'horticulture et décident de nombreux amateurs à s'engager sur la route dont j'ai écarté de mon mieux les ronces et les épines.

. Ils y trouveront une source de jouissances qu'ils ne soupçonnent pas, et la plus saine comme la plus réconfortante des distractions.

ANATOLE CORDONNIER.

HISTORIQUE DES ENGRAIS

De tous temps, les peuples ont remarqué la puissance fertilisante de certains produits, tels que le fumier et le purin, qu'ils employèrent du reste presque exclusivement pendant des siècles.

Cependant on avait remarqué que des matières organiques telles que les os, la corne, les déchets de laine donnaient quelquefois de bons résultats, et vers 1840, le guano du Pérou, nouvellement importé, étonna nombre de praticiens par ses effets, sans qu'on pût en déterminer exactement la cause.

Mais une théorie nouvelle surgit tout à coup, jetant une clarté inattendue sur cette question de l'amélioration du sol, question plus que jamais intéressante en cette fin de siècle, où la fièvre de la lutte pour la vie pousse à la culture intensive et nécessite l'obtention de rendements poussés au maximum.

Grâce aux progrès de la chimie et aux travaux de savants tels que Boussingault, Payen, Liebig qui ont indiqué la voie, et à la phalange nombreuse de l'école moderne, Georges Ville, Kuhlmann, Grandeau, Joulie, Girard, Muntz, Deherain, etc... on apprit avec stupéfaction, comme au lendemain d'une longue léthargie de l'intelligence,

1° Que toutes les plantes, analysées chimiquement, se composaient de 14 éléments, toujours les mêmes, mais associés dans des proportions différentes suivant les variétés.

Ces éléments sont :

> Le carbone, l'hydrogène, l'oxygène ;
> l'azote, l'acide phosphorique, la potasse, la chaux ;
> le soufre, le chlore, la silice, le fer, le manganèse, la magnésie et la soude.

2° Que les trois premiers de ces éléments étaient fournis abondamment par l'air atmosphérique et l'eau, que les sept derniers se trouvaient en quantité suffisante dans presque toutes les terres, et que la fertilité d'un sol variait suivant sa richesse plus ou moins grande dans les quatre éléments principaux : azote, acide phosphorique, potasse et chaux.

3° Enfin, que *le fumier* et le *purin* contenaient une bien petite proportion d'éléments de nutrition ; en effet la composition du fumier est de (1) :

Eau	78.50
Matières organiques et minérales....	20.21
Engrais utiles, azote...............	0.47
» acide phosphorique...	0.30
» potasse.............	0.52
	100.00

(1) D'après une moyenne de M. Müntz, tirée de son récent ouvrage « *Les Engrais* tome II, p. 245.

Ainsi quand on transporte 1.000 k. de fumier on transporte :

785 kilogr. d'eau,
200 kilogr. de matières inertes,
15 kilogr. d'engrais.

Le purin n'a qu'une richesse similaire.

Toutes les matières organiques reconnues comme produisant des effets utiles, furent analysées et leur teneur en éléments fertiles déterminée exactement (1).

Mais alors !.. pourquoi ne pas essayer comme engrais des produits naturels ou des matières traitées chimiquement qu'on savait renfermer à l'état presque pur ou combiné les éléments que l'on venait de reconnaître si précieux ?

On essaya le sulfate d'ammoniaque (2) et le nitrate de soude.

On trouva dans le sol des phosphates naturels, on les rendit plus assimilables par l'acide sulfurique, et l'on obtint des superphosphates. (3)

La potasse fut demandée au sulfate de potasse et au chlorure de potassium. (4)

Enfin on expérimenta des engrais mixtes, tels que le nitrate de potasse (5), le phosphate de potasse, le phosphate d'ammoniaque et la kaïnite, etc., les effets furent merveilleux, les résultats concluants.

Des expériences faites un peu partout, et surtout par Georges Ville à Vincennes, démontrèrent que les plantes avaient des préférences pour tel ou tel élément entrant plus largement dans leur composition, et on appela *dominante* ce favori.

La théorie des engrais chimiques était trouvée et l'application en fut faite aussitôt en agriculture. Elle est aujourd'hui dans le domaine de la pratique.

Les cultivateurs intelligents ont fait analyser leurs terres, connaissent les besoins des plantes à cultiver et tenant compte de ces derniers, viennent compléter par du fumier et des engrais concentrés ce qui peut manquer au sol en vue de la récolte à faire.

Ils emploient le fumier, les engrais chimiques ou organiques, en combinaisons, en formules variables suivant les circonstances et les

---

(1) La corne, le sang, le cuir, la laine renferment de l'azote, dans une proportion de 3 à 15 % ; les os sous toutes formes, de l'acide phosphorique et de la chaux dans une proportion de 15 à 20 % d'acide phosphorique et 20 à 40 % de chaux ; les cendres des végétaux donnent surtout de la potasse, et pas du tout d'azote.

(2) Le sulfate d'ammoniaque titre 20 % à 21 % d'azote.
le nitrate de soude titre 15 % à 16 % d'azote.

(3) Les phosphates naturels dosent de 10 % à 30 % acide phosphorique.
les superphosphates ordinaires et renforcés de 10 % à 40 % acide phosphorique.

(4) Le sulfate de potasse contient de 40 à 50 % de potasse.
le chlorure de potassium »   »   »

(5) Le nitrate de potasse titre 44 % potasse et 13 % azote ;
le phosphate de potasse titre 36 % acide phosphorique et 27 % azote ;
le phosphate d'ammoniaque titre 46 % »   »   et 7 »
la kaïnite titre 12 % potasse et 15 % magnésie.

besoins de la plante, *tenant toujours compte de la composition du sol.* (1)

Nous verrons plus loin, comment l'horticulture a accueilli ces nouvelles théories, et les avantages qu'elle peut en retirer.

LES ENGRAIS CHIMIQUES ET L'HORTICULTURE.

Les études et expériences faites en agriculture n'ont pas manqué d'attirer l'attention des praticiens de l'horticulture.

N'y aurait-il pas avantage à se servir des engrais chimiques, dont une poignée renferme autant d'éléments fertilisants qu'une voiture de fumier ?

Des hommes éminents, des professeurs distingués ont tenté de faire pour l'horticulture ce qui avait été fait pour l'agriculture. — MM. Grandeau et Georges Ville, en France, M. P. Wagner, directeur de la station agronomique de Darmstadt, en Allemagne, ont étudié la composition particulière d'un grand nombre de plantes et indiqué la formule des mélanges qu'ils jugeaient les plus convenables à employer pour chacune d'elles.

De son côté, la Société nationale d'horticulture de France, toujours soucieuse des progrès à réaliser et désirant faire jaillir la lumière sur cette question des engrais chimiques, attira l'attention des praticiens au Congrès de 1893 à Paris en l'inscrivant à son programme en ces termes :

« *De l'emploi des engrais chimiques : 1° dans la culture maraîchère. 2° dans l'arboriculture fruitière.* (2)

Un mémoire (3) fut présenté concluant à la nécessité d'employer les engrais chimiques. Quelques personnes seulement ont pris part à la discussion (4), s'accordèrent en résumé à dire que les engrais chimiques ne doivent pas révolutionner toutes les idées anciennement admises, mais être simplement considérés comme un complément utile

---

(1) Le format de cette brochure ne me permet pas d'examiner ici et de discuter si la tendance actuelle qui semble vouloir donner une importance exclusive aux apports complémentaires minéraux est la bonne voie et peut-être considérée comme la perfection. Un revirement s'opère de divers côtés et notamment dans les pays qui cultivent la vigne où l'on paraît revenir à des formules où les engrais concentrés organiques jouent un rôle de plus en plus accentué.

(2) Il est à remarquer qu'il faut distinguer nettement dans l'horticulture, la culture maraîchère, l'arboriculture , la floriculture et la culture des plantes ornementales et d'appartement.

(3) Mémoire de M. Maxime Desbordes. — Journal de la Société nationale d'horticulture de France. Tome XV. — Fascicule de Juin 1893.

(4) Congrès horticole. — Fascicule mai 1893.

à introduire dans une terre insuffisante (1), sans perdre de vue que l'eau, la lumière, l'air, la chaleur jouent un rôle considérable, enfin que le fumier apporte un appoint indiscutable au double point de vue physique et chimique.

Au même Congrès, une autre question, qui se rattache à celle des engrais chimiques, a été aussi posée en ces termes :

Étude des différentes terres employées en horticulture.

Cette question si intéressante a été traitée de main de maître par M. G. Truffaut (2). Son judicieux mémoire (3) démontre la grande différence qui existe dans les diverses terres employées en horticulture et c'est la composition très différente de ces diverses terres, qui rend si complexe et si délicat, l'emploi des engrais chimiques dans les terres de bruyère, terreaux de feuilles, loams ou terres de gazons, terreaux de couche, terres de jardin.

En 1894, une autre question, complémentaire des deux précédentes était posée au Congrès de la Société nationale d'horticulture (4) :

Des moyens de hâter la nitrification des substances contenant de l'azote, et par suite de le rendre plus promptement assimilable.

Trois mémoires très documentés, de réelle valeur, ont été présentés au Congrès par MM. Crochetelle et Dumont de Grignon, Poiret d'Arras et M. Rigaux, professeur d'agriculture à Mende. Ils démontrent comment s'opère la nitrification, et de plus, que dans des terres très riches en engrais azotés, l'azote peut parfaitement rester inerte s'il n'est pas placé dans les conditions voulues pour être assimilé par les plantes. Il ne suffit donc pas de donner de l'engrais, il faut le présenter et l'employer de façon à ce qu'il soit assimilable.

En somme, la question des engrais chimiques en horticulture est loin d'être résolue. — Le petit nombre de personnes qui ont pris part à la discussion aux Congrès de 1893 et 1894 démontre suffisamment qu'il y a encore peu de praticiens convaincus de la possibilité d'utiliser pratiquement les engrais chimiques, les nombreux horticulteurs, arboriculteurs et maraîchers présents aux séances observant une certaine réserve, mais écoutant et cherchant à s'instruire.

AVANTAGES ET INCONVÉNIENTS DES ENGRAIS CHIMIQUES
EN HORTICULTURE.

Il semble inutile de faire ressortir les avantages que l'horticulture, l'arboriculture et la culture maraîchère peuvent retirer de l'emploi des engrais chimiques ; tout ce qui a été dit pour l'agriculture peut être appliqué à l'horticulture en général.

---

(1) M. Petit, professeur à l'Ecole d'horticulture de Versailles. — Fascicule mai 1893.

(2) Fils du sympathique M. Truffaut, l'horticulteur de Versailles bien connu.

(3) Journal de la Société nationale d'horticulture, fascicules de juillet et août 1893.

(4) Journal de la Société nationale d'horticulture, fascicules de mai, juin, juillet et août 1894.

Ce ne sont pas les conseils ni les enseignements qui manquent aujourd'hui.

M. Georges Ville, par la plume alerte de M. Gautier et la publicité du *Figaro*, a fait connaître le résultat ses expériences. (1)

Le célèbre agronome M. Grandeau, dans un ouvrage récent (2), fait ressortir les avantages que l'horticulture peut retirer des engrais chimiques, et commente les travaux si renommés en Allemagne du docteur Wagner.

M. E. Zacharewicz, professeur départemental du Vaucluse, rend compte des expériences pratiques faites dans le Midi avec les engrais chimiques appliqués à la culture des primeurs (3).

Tous les journaux horticoles ont publié à maintes reprises des articles sur les engrais chimiques, reproduit des formules très diverses.

Les expériences de M. le Marquis de Paris sont aussi très connues, et concluent en faveur des engrais chimiques.

M. Maxime Desbordes a eu l'ingénieuse idée de condenser en un volume (4) une grande partie des résultats obtenus et publiés, en y ajoutant ses expériences personnelles faites sous la direction et le contrôle des savants praticiens MM. Bergman père et fils, chefs des cultures au domaine de Ferrières.

Il est évident que les engrais chimiques peuvent et doivent rendre de grands services. Comment se fait-il cependant qu'ils ne soient pas utilisés d'une manière plus générale dans les diverses branches de l'horticulture.

Cela tient, à mon avis, à diverses causes :

1° L'agriculteur opère sur de grandes étendues et ne cultive qu'un nombre restreint de variétés de plantes. Comme je l'ai dit précédemment il connaît la composition de son sol, les exigences de la récolte qu'il veut faire, et complète par des apports minéraux, les éléments que le fumier ne possède pas en quantité suffisante. On peut ainsi réaliser une notable économie sur l'emploi exclusif du fumier.

En horticulture la situation n'est plus la même, et se modifie suivant qu'il s'agit de culture maraîchère, de culture fruitière ou de l'horticulture proprement dite. On opère généralement sur des quantités restreintes, les variétés de plantes sont très nombreuses, et si l'on veut employer des engrais chimiques en tenant compte strictement des besoins déterminés par l'analyse de chaque plante, le détail devient tel qu'il est impossible dans la pratique.

Le grand détail est donc l'une des causes qui entrave, dans l'horticulture en général, l'emploi des engrais chimiques.

Cet inconvénient a été reconnu par les professeurs éminents qui

---

(1) Une révolution agricole, par Émile Gautier, du *Figaro*.

(2) La fumure des champs et jardins. L. Grandeau.

(3) Culture des primeurs dans la région du Sud-Est, — rôle des engrais chimiques, par E. Zacharewicz.

(4) Les engrais chimiques en horticulture par MM. Joulie et M. Desbordes.

ont étudié la question ; aussi, tout en ayant donné la composition d'une grande partie des plantes cultivées, se sont-ils efforcés de trouver des formules pouvant s'appliquer d'une façon plus générale et partant, plus pratique, dans la majeure partie des cas.

2° L'excès de concentration de ces engrais est encore un obstacle à leur emploi courant.

En effet, presque toutes les formules sont exclusivement composées d'engrais minéraux très concentrés dont l'usage demande de telles précautions que des accidents fréquents se sont produits, et il faut une si grande légèreté de main pour leur emploi, que beaucoup de praticiens préfèrent continuer leurs anciennes méthodes.

Un des meilleurs horticulteurs de Gand me disait encore il y a quelques jours : « Je n'ose me servir d'engrais chimiques, car si on exagère un peu la dose, on brûle ses plantes, et si on en met un peu moins, on ne s'aperçoit pas de leur présence. Je crains trop les surprises. »

3° Indépendamment de leur causticité, qui détériore souvent les racines qui se trouvent en contact avec les parties solides (1), les arrosements copieux les dissolvent rapidement et en entraînent une grande partie. Les nitrates notamment sont enlevés presqu'aussitôt.

Pour obvier à ces inconvénients, on a recommandé d'employer ces engrais minéraux en arrosements. C'est excellent en principe, mais dans la pratique, c'est peu commode. Il faut de plus, éviter de mouiller les feuilles, sans cela, on les brûle ; enfin, l'on est toujours à la merci d'un ouvrier maladroit qui peut se tromper au dosage et occasionner d'immenses dégâts.

Les engrais liquides : purin, colombine, eau de suie sont colorés ; si la concentration est exagérée, on s'en aperçoit à la couleur, mais les engrais minéraux, solubles, incolores, souvent inodores sont trop dangereux pour qu'ils soient employés sans réserves.

Ces quelques réflexions suffisent à motiver la prudente attitude d'un grand nombre d'horticulteurs. On observe, on expérimente avec discrétion, on ne veut s'écarter des sentiers battus qu'avec connaissance de cause.

Depuis 25 ans, je me suis livré à de nombreuses expériences concernant les engrais ; suivant avec intérêt les découvertes et les progrès de la théorie des engrais chimiques, j'ai voulu par moi-même me rendre compte de leurs effets, tout en me renseignant près des praticiens des avantages qu'ils pouvaient en retirer. Rendu prudent par des mécomptes graves à la suite de l'emploi trop exclusif d'engrais minéraux (2), je me suis peu à peu éloigné de cette idée que le dernier

---

(1) Les engrais chimiques ordinaires sont rarement livrés bien pulvérisés. Les nitrates, les sulfates, chlorures, certains superphosphates se trouvent souvent en gros morceaux, qui produisent des effets désastreux. Cet inconvénient est bien moins redoutable en grande culture ; mais il faut reconnaître, toutefois, que c'est un grave défaut auquel on ne prend pas assez garde.

(2) J'ai eu entre autres accidents, un lot de 600 rosiers superbes, cultivés en grands pots depuis plusieurs années, entièrement perdu par un dosage mal fait. Le jardinier n'était pourtant pas le premier venu, c'était un élève diplômé d'une des écoles renommées de l'étranger.

mot de la culture intensive leur appartenait ; j'ai multiplié mes essais
en les associant en proportion modérée aux engrais organiques qui
seuls permettent de mettre sans crainte, à la disposition des plantes,
autant de nourriture que leur appétit les excite a en prendre, et
les résultats que j'ai obtenus un peu à la fois m'ont donné complète
satisfaction.

LES ENGRAIS PRATIQUES
EN HORTICULTURE

ENGRAIS DES « GRAPPERIES » ET « PAPILLON »

C'est ainsi qu'après avoir eu des accidents occasionnés par l'emploi
du fumier en trop grande quantité dans mes plantations, et d'autre
part reconnu les difficultés et inconvénients présentés dans la pratique
horticole par les engrais minéraux seuls, je me suis trouvé en face
d'un problème à résoudre : « *Trouver une formule d'engrais rempla-
çant avantageusement le fumier, pouvant être incorporé au sol sans
endommager les racines, non susceptible d'être enlevé par l'eau des
arrosements, et cependant mettant à la portée des plantes une
nourriture abondante, substantielle et variée, assimilable au fur et
à mesure de leurs besoins, une nourriture qui leur plaise réellement,
et qu'elles puissent digérer volontiers par conséquent.* »

« Ce n'est pas la quantité de nourriture donnée qui profite *a dit un
médecin célèbre*, mais bien ce qui en est digéré et assimilé. »

Ces paroles qui s'appliquent si justement aux personnes m'ont
toujours frappé, et comme je me suis habitué depuis longtemps à
considérer les plantes comme des êtres vivants, sensibles aux soins
donnés, j'ai pensé que l'on pouvait, au sujet de l'alimentation des
plantes tenir le même langage.

J'avais remarqué depuis longtemps que les plantes n'étaient pas
indifférentes à la forme sous laquelle la nourriture leur était donnée,
et tous les anciens praticiens savent qu'en variant les engrais liquides
par exemple, on obtient de meilleurs résultats qu'en se servant toujours
du même stimulant. (1)

Je reconnus, enfin, qu'il était temps de ne plus imposer aux plantes
la nourriture que *moi* je croyais leur convenir davantage, qu'il était
temps de demander plutôt leur avis aux principales *intéressées*, de
les consulter, de les comprendre à demi-mot. Pour elles aussi, comme

---

(1) De nombreuses observations ont, depuis, confirmé ces *préférences* que l'on s'accorde
à reconnaître sans les expliquer.

pour les personnes (1), je crois qu'il est des substances que leur estomac supporte moins volontiers, d'autres qui lui plaisent mieux, assaisonnées d'une façon plutôt que de telle autre, qu'il est enfin d'autres subtances qui sont pour elles de véritables friandises qu'elles ne sauraient se lasser d'absorber, de digérer et de s'assimiler avec grand profit.

J'ai cru comprendre même aussi, que certains sels minéraux ne leur plaisent qu'au même titre que la liqueur dans l'omelette au rhum, ou le petit verre après le repas.

Et moi qui leur avais reproché les trompeuses promesses de leurs feuilles si gaillardes, de leurs pousses si audacieusement emportées, et parfois leur inexplicable dépérissement ou leur subite apoplexie !... Mes yeux s'ouvraient !...

L'aspect actuel de mes vignes si florissantes et chargées de fruits semble me dire : « Pourquoi vous y êtes-vous mépris ?... Pourquoi avoir cru des promesses faites pendant l'énervement factice causé par des sels excitants, qui nous laissaient, par la suite, épuisées, abatttues, comme au lendemain d'une petite fête trop joyeuse ?..... »

N'est-ce pas vraisemblable et ne se fatigue-t-on pas à la longue des meilleures choses ? Le vin, si bon qu'il soit, peut-il remplacer le rosbeaf. Je crois sincèrement, que les plantes, comme nous, ont leurs mets favoris.

Comme je l'ai dit précédemment, c'est au cours des voyages fréquents que j'ai dû faire en Angleterre, où j'étais appelé pour la vente de mes tissus de Roubaix, (2) que j'ai pu remarquer la tendance générale des praticiens horticoles et des cultivateurs de vignes à employer des engrais organiques à décomposition plus ou moins lente. Ne craignant pas de brûler les racines, ils étaient généralement prodigues de ces engrais de réserve, et les résultats qu'ils obtenaient me donnèrent à réfléchir ; mais ces engrais organiques s'ils ne sont pas bien combinés ne se livrent pas, où se livrent trop tôt, où isolément, ce qui est encore mauvais. D'autre part, malgré les accidents survenus, à la suite de l'usage abusif des engrais minéraux, mon attention était tenue en éveil par les progrès constants de ces nouvelles méthodes et de leur application à l'agriculture.

---

(1) Quelques praticiens, très habiles du reste dans l'art de la culture, ont affirmé qu'il n'y a pas de formules spéciales, qu'il suffit de présenter à la plante, sous une forme quelconque, les éléments minéraux dont elle a besoin. Quoi que l'on fasse, disent-ils, on ne peut présenter à la plante que de l'azote, du phosphore, de la potasse et de la chaux.

C'est exact en théorie, mais que dirait-on d'un médecin qui prétendrait nous nourrir en nous faisant absorber, sous forme de poudre minérale, les éléments nutritifs qui se trouvent dans les aliments. Notre estomac ne les accepterait pas.

Ou bien encore si l'on nous présentait des aliments sous une forme répugnante : nous les repousserions, si nourrissants qu'ils soient.

Il doit en être de même pour les plantes.

(2) Jusqu'en 1889, j'étais manufacturier et fabricant de tissus à Roubaix, ne m'occupant de culture qu'en amateur, mais avec passion. J'avais construit successivement de 1868 à 1888 une douzaine de serres de divers modèles dont la superficie atteignait plus de 5000 mètres carrés.

J'essayai de tirer parti de l'ensemble de ces observations, et après de nombreux essais et tâtonnements je m'arrêtai à une composition que j'employai dans le défoncement d'une grande serre à vignes en 1880. Les résultats furent excellents, l'engrais des **Grapperies** était trouvé. Voir figure 1.

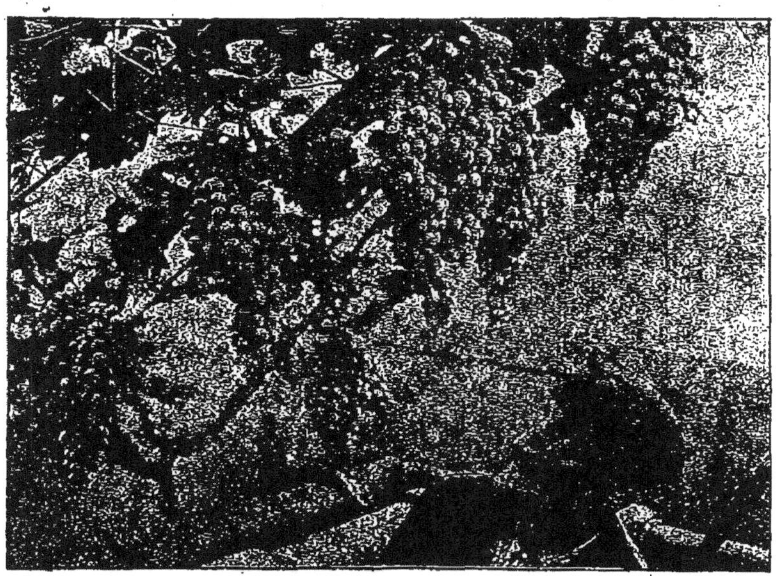

Fig. 1. — Coin de serre à Roubaix. — Résultat obtenu en 1883, avec l'engrais des grapperies la 3e année après la plantation..

Depuis j'ai continué à expérimenter cette formule, comparativement avec les meilleurs engrais connus, entre autres avec l'engrais Thomson (1) renommé aujourd'hui dans le monde entier, et je n'ai rien trouvé qui lui fût supérieur (2)..

Au début je ne l'employais qu'au défoncement (3) c'est-à-dire à la préparation du sol avant la plantation, une partie des matériaux étant pulvérisés moins finement pour que la réserve de nourriture soit de plus longue durée. — Depuis, j'ai été amené à m'en servir comme surfaçage et l'ai employé alors finement pulvérisé (4) afin que l'assimilation soit plus rapide. Je le répands chaque année au départ de la

---

(1) L'engrais Thomson a été mis au commerce il y a une dizaine d'années, et est aujourd'hui utilisé d'une façon générale non seulement en Angleterre, mais encore dans tous les pays des deux continents.

(2) Pendant six ans, j'ai cultivé des parties de serres avec l'engrais Thomson, parallèlement à l'engrais Grapperies et je n'ai jamais trouvé de différence à l'emploi entre les deux engrais.

(3) L'engrais des grapperies pour *défoncement* s'appelle **grapperies D.**

(4) L'engrais des grapperies pour *surfaçage* s'appelle **grapperies S.**

végétation sur la surface occupée par les racines dans mes serres à vignes, à raison de 0,800 gr. à 1 k° au mètre carré, je l'incorpore au sol au moyen d'un bon fourchage opéré avec la précaution de ne pas endommager les racines, et à la faveur des arrosements copieux que la vigne nécessite, son action bienfaisante se fait sentir pendant tout le cours de la végétation. Sitôt la nouaison terminée et le ciselage effectué, je fais une nouvelle application de 400 à 500 grammes par mètre carré.

Fig. 2. — Vigne en pot. Cultivée et photographiée
par M. A. Cordonnier, à Bailleul en 1892.

Depuis longtemps je me suis occupé de la culture des arbres fruitiers en pots; j'avais au début des difficultés à maintenir la fertilité et la vigueur des arbres, il fallait recourir constamment aux engrais liquides. Les engrais chimiques laissés à la disposition des ouvriers ont donné des mécomptes, surtout à cause des erreurs de dosage, les engrais de purin répétés rendaient la terre plastique et sûre ; depuis que j'emploie l'engrais des "*Grapperies*" le résultat est tout autre.

La figure 2 représente une vigne en pot cultivée à Bailleul, arrosée seulement à l'eau pure sans engrais liquide.

La figure 3 est la photographie d'un prunier en pot âgé de 8 ans, cultivé dans les mêmes conditions.

Chaque année je cultive 8,000 à 10,000 plantes de chrysanthèmes destinées à produire de la grande fleur coupée. — A chaque saison, malgré toutes les recommandations, des accidents survenaient à la suite d'arrosements à l'engrais liquide. J'ai eu l'idée de mélanger à la terre destinée aux rempotages divers dosages d'engrais composés d'après les principes de l'engrais " *des Grapperies*", mais en variant les proportions des éléments fertilisants.

— J'appelle engrais **"Papillon"** le dernier perfectionnement de cette formule, et je suis arrivé de la sorte à pouvoir donner à la plante une réserve de nourriture suffisante pour ne plus être obligé de me servir d'engrais liquides jusque la formation des boutons.

— J'évitais ainsi les multiples préparations d'engrais liquides, toujours compliquées, délicates, susceptibles d'être mal dosées par des ouvriers négligents. — Des arrosages à l'eau de pluie suffisent jusque fin août. (5)

Fig. 3. — Prunier en pot, âgé de 8 ans, portant 59 fruits. Cultivé et photographié par M. A. Cordonnier, à Bailleul — 1892.

La gravure hors texte de la variété Mrs Adams est un bel échantillon de ma culture de l'an dernier (1894).

Je me suis pour le moment arrêté à ces deux engrais, *Grapperies et Papillon*, et suis persuadé que ceux qui voudront les essayer en suivant les indications qui se trouvent dans la suite de cette brochure n'auront pas lieu de s'en repentir.

Ce sont deux engrais que l'on peut employer sans crainte en horticulture ; mes essais (6) me permettent de l'affirmer, chaque fois

---

(5) Et même peut-être jusqu'à l'épanouissement de la fleur. (Voir au chapitre chrysanthème l'article concernant le *top-dressing*.)

(6) Je ne les ai pas expérimentés dans les terres de bruyère ni les terreaux de feuilles pour les plantes qui exigent ces terres spéciales à l'état pur. Je fais un essai avec des azalées actuellement.

Je ne les ai pas expérimentés non plus dans la culture des orchidées. Je sais que Thomson emploie le sien avec succès pour toute une catégorie d'orchidées rustiques.

que l'on aura besoin de terres bien munies d'éléments fertilisants ; associés suivant les besoins des plantes aux divers composts que l'on emploie dans les rempotages ils rendront de grands services en permettant de supprimer en partie les arrosements à l'engrais liquide, réalisant ainsi l'engrais *sûr* et *pratique* (1) que tant de personnes ont rêvé en vain jusqu'ici.

Je donnerai plus loin, dans les articles consacrés à la culture sous verre, aux arbres en pots, à l'arboriculture, au chrysanthème, et aux cultures florales et potagères, le meilleur moyen de les utiliser.

Je ne prétends pas avoir inventé une voie nouvelle, mais il me semble que les expériences qui ne manqueront pas d'être faites amèneront une amélioration sensible dans la pratique des engrais en horticulture.

LA CULTURE FRUITIÈRE SOUS VERRE.

Depuis longtemps, on a cherché à avancer l'époque de la maturité des fruits, au moyen d'abris artificiels et du chauffage ; mais, confinée autrefois dans les jardins royaux ou domaines princiers, la culture sous verre s'est aujourd'hui démocratisée, surtout dans les pays du nord, moins favorisés par le climat. On trouve aujourd'hui des serres à vignes dans presque tous les jardins, et une habitation n'est plus considérée comme confortable si elle ne possède pas une véranda plus ou moins éclairée, permettant d'y cultiver la vigne, des arbres en pots ou des plantes.

Y a-t-il, en effet, des jouissances plus agréables et plus saines que celles procurées par une serre-verger dont la physionomie se transforme successivement dans le cours de l'année. Au printemps, les pruniers, pêchers, cerisiers cultivés en pots ou en pleine terre, présentent, au moment de la floraison, un coup d'œil aussi enchanteur que celui des azalées et autres arbustes fleuris ; un peu plus tard, lorsque leurs fruits dorés, pourprés ou délicatement nuancés apparaissent dans leur cadre de feuillage, c'est un spectacle qu'on se lasse d'autant moins d'admirer que l'on pourra les voir figurer sur la table dont ils feront le plus bel ornement, et le dessert le plus recherché.

Si c'est de la vigne qu'il s'agit, on peut suivre de plus près ses

---

(1) Sans la question de détail, il est certain que la perfection serait de composer un engrais spécial pour chaque plante, mais alors que devient la pratique ? J'ai sous les yeux un article fort intéressant, composé de 30 formules, où les poids nécessaires à employer de chaque élément sont ramenés au mètre carré ou au poids de la terre employée dans chaque pot. Sans insister sur ce détail, on peut se rendre compte en y réfléchissant de ce que devient le travail d'un jardin avec cette complication.

transformations rapides et successives, voir les grappes poindre et s'allonger; bientôt elles fleurissent exhalant le parfum le plus suave et, le plus pénétrant ; enfin les raisins mûrissent, et avant de les récolter, on peut admirer en parfait état, pendant plus d'un mois, leurs baies veloutées, dorées ou d'un noir intense, se détachant vigoureusement sur un feuillage élégant.

C'est vers 1860 qu'en Angleterre et en Belgique, quelques praticiens eurent l'idée, en voyant les prix élevés auxquels se vendaient les fruits forcés (1), de les cultiver commercialement. Leurs premiers essais ayant réussi, ils furent aussitôt imités par un grand nombre de producteurs, et aujourd'hui on les compte par centaines (2) dans ces deux pays. Les prix ont naturellement baissé et atteignent à peine le dixième de la valeur qu'ils avaient au début.

En même temps que cette culture industrielle se répandait, les procédés se simplifiaient, et actuellement dans la pratique, on s'écarte beaucoup des anciennes méthodes.

En France, la vigne forcée était cultivée dans des petites bâches, dont la figure 4 donne une idée très exacte. C'est la reproduction d'une serre-bâche que j'ai vue chez M. Rose Charmeux, à Thomery, il y a quelque vingt ans, où elle existe du reste encore aujourd'hui.

En Angleterre et en Belgique on a débuté par des serres de petites dimensions. Meredith et Thomson, qui ont été les initiateurs en

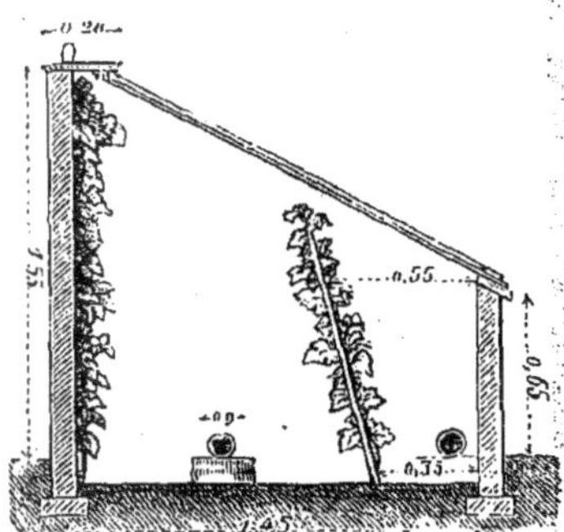

Fig. 4. — Bâche à forcer la vigne chez M. Rose Charmeux à Thomery.

Angleterre, et Sohie frères, en Belgique, arrivèrent successivement à donner à leurs abris, des dimensions de plus en plus vastes.

---

(1) Vers 1860, on obtenait facilement le prix de 40 et 50 fr. pour un kilog de raisin au mois d'avril et au mois de mai.

En 1865, les prix étaient déjà baissés de 50 %, et actuellement, ils sont à peine le dixième des prix obtenus au début. Je parle du prix moyen bien entendu, car il y a toujours quelques fruits extra qui se vendent à un prix plus élevé, le double quelquefois.

En 1887, j'ai envoyé pour la première fois des raisins de culture retardée aux halles de Paris, en février et mars. Ils ont atteint des prix exhorbitants, de 25 à 42 fr. le kilog.

En 1895, le même raisin se vend de 3 à 5 fr. le kilog, quelques paniers extra atteignent encore 8 à 10 fr. le kilog, mais la moyenne ne s'élève pas au-dessus de 3.50.

L'offre dépasse plutôt la demande, aussi bien à Paris, qu'à Bruxelles et à Londres.

Cette situation était prévue.

(2) En Belgique, on m'affirme qu'il y a plus de 250 producteurs, tandis qu'en 1860, il n'y en avait que deux ou trois. Sur 4 villages on compte paraît-il 167 cultivateurs de vignes, et la firme Sohie frères possède plus de 300 serres du modèle C d'une longueur moyenne de 20 mètres.

En Angleterre, certains producteurs possèdent des établissements considérables, les frères Rochford's ont ensemble 40 hectares vitrés environ.

La figure 5 représente une serre d'un modèle très répandu en Angleterre, et la figure 6 donne exactement une coupe du modèle courant, construit par les producteurs belges.

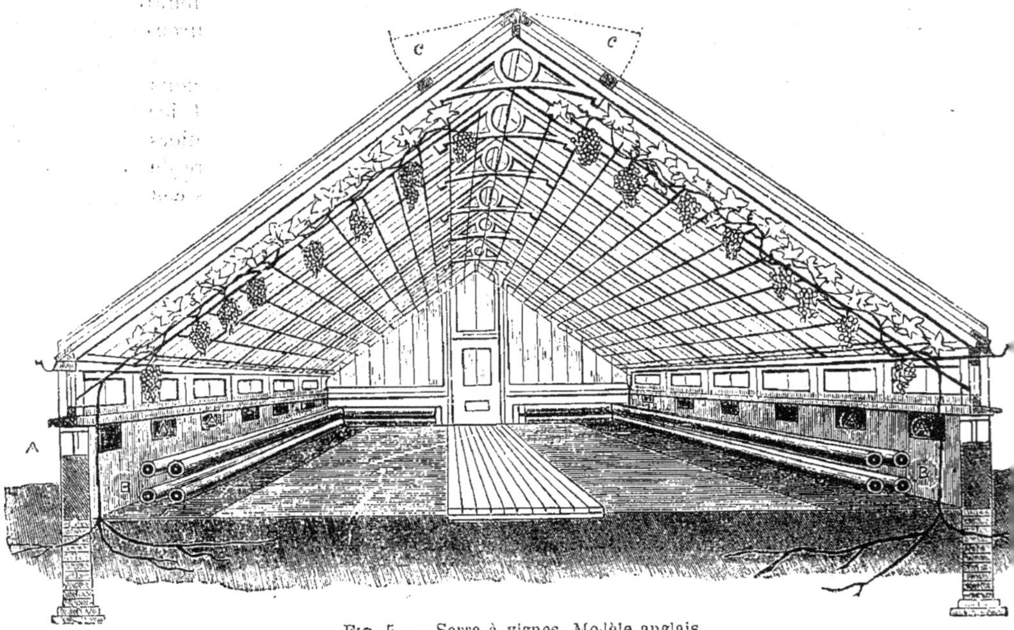

FIG. 5. — Serre à vignes. Modèle anglais.
Gravure extraite des serres vergers, par E. Pynaert.

La largeur des serres industrielles varie entre 6.50 et 9 mètres de largeur. J'ai vu à l'île Jersey, chez Bashford, une serre de 300 mètres de longueur, 12 mètres de largeur et 5 mètres de hauteur entièrement

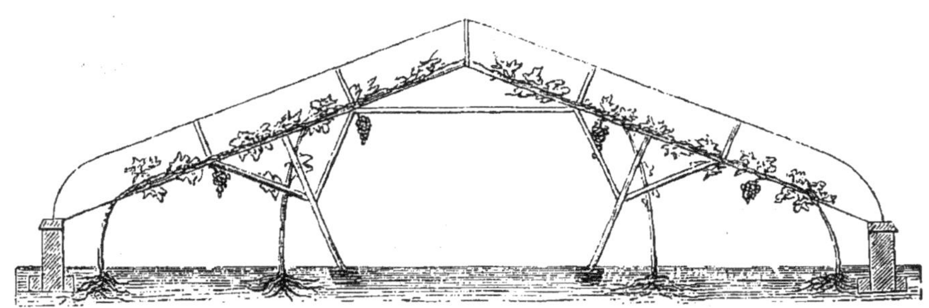

FIG. 6. — Serre à vignes en Belgique. Culture commerciale.
Gravure extraite des serres vergers, par E. Pynaert.

plantée de gros Colman. C'est sans doute la plus grande serre à fruits qui existe.

Tandis que les Anglais chauffent au thermosiphon, les Belges sont restés fidèles au chauffage primitif en terre à feu direct.

L'installation coûtant relativement cher, au lieu de laisser à la vigne des dimensions restreintes, de l'établir avec une sage lenteur comme on l'enseignait en France, on a cherché à la développer rapidement et à obtenir en peu de temps, la serre en pleine production. Les professeurs et les partisans des anciennes méthodes ont haussé les épaules, ne pouvant croire au succès. Cependant l'expérience a donné raison aux novateurs praticiens.

Mais aussi quels soins apportés à la nourriture qui devait être mise à la portée des racines.

A l'encontre de la formule dont on a fait tant de bruit et qui ne contient pas d'azote, on a préparé le sol avec un engrais complet, à décomposition progressive, formant dans la terre une réserve sérieuse, et donnant à la vigne au fur et à mesure de son développement et de ses besoins, une nourriture abondante renfermant tous les éléments nécessaires à la charpente, au feuillage et au fruit.

Les producteurs français n'avaient pu suivre le mouvement, à cause du prix plus élevé de leurs installations (1), du charbon (2), de la main-d'œuvre ; sans compter les impôts (3).

Au contraire quelques-uns même avaient abandonné la lutte, quand les raisins étrangers eurent envahi notre marché ; tandis que la production augmentait chez nos voisins, la nôtre diminuait.

Cependant, au ministère de l'Agriculture, on s'était ému de cette situation; les causes en étaient reconnues, et sur la proposition de M. Tisserand, notre savant et dévoué directeur de l'agriculture, appuyé par le Conseil supérieur de l'agriculture, un droit compensateur (4) vint à peu près rétablir l'équilibre.

---

(1) L'installation coûte moitié plus cher en France qu'en Felgique, et à Hoylaert, le prix de revient ne dépasse pas 5 fr. le mètre carré de vitrage.

(2) Les bons charbons de Charleroi à longues flammes coûtent 110 à 130 fr. par wagon rendu chez nos voisins, alors qu'ils coûtent de 250 fr. à 350 fr. à Paris ou Thomery.

(3) Les serres à fruits ne paient pas d'impôts en Belgique, ou bien ils sont insignifiants.

(4) Le droit de 1.50 établi sur les fruits forcés à leur entrée en France a été considéré à tort par quelques intéressés de l'étranger comme prohibitif. Il n'en est rien. Il n'est même pas suffisant. Ce n'est en somme qu'un droit de 30 % à la valeur en se basant sur le prix de 5 fr. en moyenne.

Tandis que le blé, objet d'alimentation, est frappé d'un droit plus élevé, comparativement. Le blé paie plus de 30 % à la valeur et on l'obtient sans matériel et sans charbon.

Il est entré tout autant de raisin belge à Paris, pendant les mois d'avril, mai, juin et juillet depuis 1892, que les années précédentes. Les statistiques en sont la preuve. Il est juste d'ajouter que les serres construites en France depuis les traités vont seulement commencer à produire cette année, et c'est à partir du printemps 1895, que les raisins français forcés feront leur apparition aux halles de Paris. Les producteurs étrangers qui se sont plaints du dommage causé à leurs cultures par l'application des droits depuis 1892, ont donc été mal fondés dans leurs réclamations, puisque jusqu'aujourd'hui leurs envois ont été aussi importants qu'auparavant.

La baisse produite par l'excès de production sur le marché de Bruxelles, permet aux

Cédant aux pressantes sollicitations du Ministère de l'Agriculture, encouragé par de nombreuses personnalités. désireuses de voir la France ne pas rester dans un état d'infériorité, je me suis décidé à tracer la route et à construire l'établissement « des Grapperies du Nord » à Bailleul. (1)

Depuis 1869, je m'étais adonné en amateur à la culture fruitière sous verre ; j'avais suivi avec intérêt le développement de cette culture à l'étranger, enregistré tous les progrès accomplis. Je m'étais livré à de nombreuses expériences très intéressantes, faisant successivement construire des serres de modèles différents, étudiant les meilleures variétés à cultiver, la meilleure direction à donner aux arbres, les meilleurs engrais à leur donner.

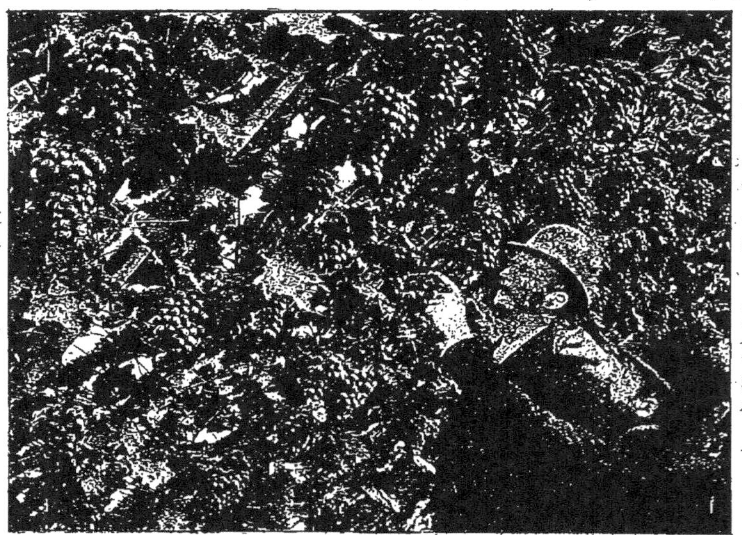

Fig. 7. — Photographie d'une vigne de Black Alicante en 1890, à Roubaix, le 10 novembre au moment de la visite de M. J. Thomson de Clovenford's (Écosse). Culture retardée.

La figure 1 (page 11) représente un coin de serre à Roubaix, photographié en 1882, représentant la plantation d'une vigne de la variété *gros blanc des 3 fontaines*, la troisième année de plantation, et

---

importateurs de vendre sur le marché français au même prix qu'autrefois, tout en acquittant les droits, et même à meilleur compte qu'auparavant.

A partir du 15 juillet, le raisin d'Afrique, celui du midi de la France, arrive en abondance à Paris, et suffit amplement à la consommation.

Le raisin d'hiver, obtenu par la culture retardée, a été cultivé en France avant qu'on n'ait songé à le produire en Belgique, et ce n'est qu'en 1887, après l'apparition du raisin de Roubaix que j'avais envoyé à Paris où il a obtenu un succès si éclatant, que les frères Sohie se sont décidés à greffer une partie de leurs serres de Frankentaler en gros Colman et en Alicante. Leur exemple a été suivi par presque tous les viticulteurs.

(1) Depuis des établissements se sont créés un peu partout, notamment dans le Nord et aux environs de Paris.

démontrant les résultats que j'obtenais déjà avec une bonne plantation et des engrais convenables.

La figure 7 représente l'état de production d'une vigne, à Roubaix, la cinquième année de production de la variété Black Alicante, cultivée en culture retardée. Cette photographie a été faite en novembre 1890 (1).

L'établissement de Bailleul a été commencé en 1889, doublé en 1890 et 1892.

Fɪɢ. 8. — Photographie d'une serre à vignes à Bailleul,
la 1ʳᵉ année de plantation au moment de la visite de M. Develle,
Ministre de l'Agriculture. — Novembre 1890.

La figure 8 représente une serre à vignes, plantée à l'automne 1889 et photographiée le 10 novembre 1890, au moment de la visite de M. Develle, ministre de l'Agriculture, et de M. Tisserand, directeur de l'Agriculture.

La figure 9 représente la même serre trois ans plus tard, en pleine production, démontrant l'efficacité de l'engrais « des grapperies ». La photographie a été faite au moment de la visite de M. Viger, ministre de l'Agriculture, accompagné de M. Tisserand, le 5 novembre 1893.

(1) Au moment de la présence de M. John Thomson de Clovenford's en Écosse qui avait voulu visiter mes cultures.

Beaucoup de personnes pourront se demander, avec raison, pourquoi tant de serres à vignes d'amateur, ne donnent, après 4, 5 et même 6 ans de plantation, qu'une récolte médiocre et quelquefois nulle.

C'est que, si le goût de la culture s'est rapidement développé un peu partout, la méthode rationnelle s'est peu vulgarisée, c'est que des

Fig. 9. — La même serre en pleine production trois ans plus tard,
au moment de la visite de M. Viger,
Ministre de l'Agriculture, le 5 novembre 1898.

préjugés très enracinés se sont répandus, augmentant la dépense au détriment de la production ; ce sont ces préjugés que je veux faire connaître et en même temps donner aux amateurs le moyen de réussir sûrement et rapidement une plantation sous verre.

LA VIGNE SOUS VERRE.

CHOIX D'UNE SERRE.— On peut voir d'après les gravures qui précèdent quels sont les modèles employés par la grande culture commerciale.

L'amateur peut indifféremment choisir la forme qui lui plaît, en ayant la précaution, s'il fait construire une serre à deux versants, de l'orienter du Nord au sud, pour que les rayons du soleil puissent l'influencer du matin jusqu'au soir; chaque versant ayant sa part de lumière successivement.

Si la serre est adossée à une muraille, il est indispensable qu'elle reçoive les rayons du soleil au moins pendant les 2/3 de la journée, sans cela, la maturité du bois est compromise et par suite pas de fertilité.

L'important est d'établir le treillage sur lequel la charpente sera attachée, à une distance suffisante du vitrage. — 30 à 35 centimètres sont indispensables.

PLANTATION. — La plantation est l'opération capitale. Toutes précautions prises d'ailleurs, serre parfaite, aération bien comprise, orientation correcte, si la plantation n'est pas bien établie, la réussite est compromise.

Le sol doit être drainé, c'est-à-dire que l'eau des arrosements ou des pluies ne doit, en aucun cas séjourner dans le sol, comme cela arrive avec un sous-sol imperméable, cas très fréquent dans le Nord.

C'est pour éviter cet inconvénient qu'une pratique très répandue, consistait à creuser très profondément l'emplacement destiné aux racines, on y jetait des décombres, cailloux, fascines, puis on y entassait du fumier, on complétait avec de la terre mélangée de toutes sortes d'ingrédients quelconques, et finalement on plantait la vigne.

Cette pratique est très condamnable ; si l'eau n'a pas d'issue, elle s'accumule dans la fosse qui devient une citerne, les racines se trouvent en contact avec une humidité stagnante qui leur est très préjudiciable. L'air n'arrive plus aux racines et la nitrification ne peut se produire.

Le mode le plus simple, est de drainer le sol à 1^{m}25 de profondeur, si on a un écoulement facile des eaux, et si cet écoulement ne peut s'opérer, mieux vaut surélever le sol de la serre de 40 à 50 centimètres.

Quelle est la meilleure terre ? La vigne prospère dans presque tous les sols, du moment où ils sont de bonne nature, ni trop compacts ni trop légers et que l'on met à portée de ses racines une nourriture suffisante.

Mais elle affectionne surtout une terre de gazon que l'on aura préparée quelques mois à l'avance, en enlevant à la surface d'une vieille prairie grasse des tranches de gazon de 8 à 12 centimètres d'épaisseur, et en en faisant un tas que l'on recoupe plusieurs fois. On a ainsi une terre fibreuse, (le *loam* des anglais) qui rend des services constants dans la culture fruitière sous verre, les arbres en pots, le chrysanthème etc. etc.

Défoncement et engrais. — Quelle que soit la terre que l'on emploie il ne faut jamais planter la vigne que dans un sol bien défoncé auquel on incorpore une quantité d'engrais convenable.

Depuis longtemps j'ai abandonné l'usage du fumier chaque fois que je puis me procurer de la terre de gazon en quantité suffisante. Celle-ci renferme assez de matières organiques qui fournissent l'humus et le carbone nécessaire à l'alimentation des racines, suivant en cela les conseils des Anglais, et notamment de M. Thomson, qui réprouvent l'emploi du fumier lui reprochant de provoquer l'apparition de certains champignons sur les racines ; cependant, lorsque je me trouve obligé de me servir d'une terre ordinaire, j'y incorpore au moment du défoncement et avec l'engrais une petite quantité de fumier de cheval à moitié décomposé, une ou deux brouettes par mètre cube, mais en ayant soin de le mélanger intimement à la terre, et non de le déposer par couches.

En employant le fumier dans ces cas stipulés, je le considère comme amendement d'une terre un peu lourde, et non comme engrais, car cette petite quantité de fumier n'apporte qu'une dose négligeable d'éléments fertilisants.

J'emploie dans le défoncement, l'engrais « *des Grapperies D* » dans la proportion de 20 kilos par mètre cube de terre. Cette proportion, qui semble considérable est encore dépassée en Angleterre, où l'on emploie souvent 30 kilogs d'engrais similaire au mètre cube ; mais si on réfléchit que cet engrais est une réserve pour l'avenir, que les racines au fur et à mesure de leur développement y trouveront une nourriture convenable, que le produit de la vigne est en raison directe de la fertilité du sol, il n'y a pas à hésiter. Les rendements obtenus en font foi, et un simple coup d'œil sur les photo-gravures qui précèdent le prouve suffisamment.

Quel emplacement faut-il réserver aux racines ? Cette question a aussi une grande importance, il faut que les racines puissent trouver à s'étendre dans une bordure qui soit au moins égale au développement que l'on veut donner à la surface de la charpente, et on agit sagement en augmentant encore cette surface de moitié, c'est-à-dire que si la serre a une surface vitrée de 20 mètres carrés, il est nécessaire de réserver au moins 20 mètres carrés aux racines, trente mètres valent mieux encore. Comme M. Thomson, M. Kay, le célèbre viticulteur anglais donne même à ses bordures préparées, une surface proportionnelle double de celle accordée à la charpente.

Faut-il planter au dedans ou au dehors de la serre ? Il vaut mieux planter à l'intérieur et donner aux racines la faculté de pouvoir s'étendre à l'extérieur. Il n'y a d'exception que dans le cas où la serre est destinée à la culture forcée, il est alors préférable de faire une muraille assez profonde, pour que les racines ne puissent s'étendre au dehors ; sans cela au moment du forçage, les racines extérieures n'étant pas soumises à la chaleur ne pourraient accomplir leurs fonctions.

Il y a cependant à considérer le cas d'une serre à fleurs dans laquelle on voudrait obtenir du raisin. C'est très facile quand il s'agit d'une serre froide, c'est-à-dire dont la température pendant l'hiver est maintenue entre 2° et 5°. Si le sol de la serre peut être utilisé, on peut planter à l'intérieur, sinon il faut planter à l'extérieur, mais dans les deux cas un bon défoncement avec engrais doit précéder la plantation.

Pendant l'été, une serre froide est débarrassée de ses plantes et peut devenir une excellente serre à vignes, à la condition de ne pas la couvrir de claies ou blanchir les vitres. L'absence de lumière est très préjudiciable.

Lorsque la serre est maintenue à une température plus élevée, qu'elle est une serre tempérée, où le thermomètre ne descend pas au dessous de 10 à 15° en hiver, il faut absolument planter au dehors, conduire la vigne en cordon vertical, et ménager une ouverture assez grande, pour que l'on puisse sortir la vigne en hiver après la récolte, et ne la faire rentrer qu'au printemps vers la mi-mars ; encore faut-il à cette époque couvrir les racines de fumier et protéger par une bonne couverture la partie du cep qui se trouve en dehors jusque le milieu de mai.

IMPORTANCE DU CHOIX DES PLANTS — Le choix du plant a une importance capitale et influe considérablement sur la végétation et la rapidité de la mise en rapport de la plantation. — Pour avoir une végétation

Fig. 10. — Serre à vignes plantées à l'automne
Photographiée le 11 novembre 1890, à Bailleul.

vigoureuse, il faut employer de très jeunes vignes provenant de bouture par œil, dite bouture anglaise. Dans ce genre de boutures, les racines sont toutes placées à la même hauteur, et s'étendent comme des rayons tout autour de la tige. On peut les étaler sur le sol avec précaution à une profondeur de 10 centimètres environ au-dessous de la surface du sol, en évitant de les enchevêtrer l'une dans l'autre. Si la vigne est cultivée en pot depuis plus de deux ans, les racines sont souvent mêlées, on ne peut les séparer sans les détériorer quelque peu, et on ne gagne pas le temps que l'on peut espérer.

On peut se rendre compte de l'aspect d'une plantation (fig. 10) faite à Bailleul au mois d'octobre, avec de jeunes vignes provenant de boutures anglaises et cultivées en pots. Plantées avec précaution, elles n'ont pas même fané, et l'année suivante elles ont donné des pousses variant de 4 à 7 mètres de longueur. Taillées l'année d'après à 1 mètre de hauteur, elles ont donné chacune de 6 à 8 grappes de raisin.

Époque de la plantation. — C'est à l'automne qu'il vaut mieux planter, en se servant de vignes d'un an cultivées en pots et provenant de boutures par œil, c'est-à-dire boutures anglaises.

Mais si la serre est prête pendant l'été, et que l'on puisse se procurer des vignes de l'année en pot provenant de boutures anglaises, il ne faut pas hésiter à planter, en prenant la précaution de ne pas endommager les racines et d'ombrer pendant quelques jours au moment du soleil.

ÉTABLISSEMENT DE LA CHARPENTE. — Les considérations qui vont suivre ont un grand intérêt et j'appelle ici toute l'attention du lecteur.

Les anciennes méthodes recommandaient de pincer l'extrémité de la tige quand elle atteignait 1 mètre ou 1 mètre 50 de hauteur, et de pincer les anticipés (1) à une feuille; on croyait ainsi faire grossir le bois.

La pratique a démontré que ce procédé était erroné, en opérant ainsi on arrive à un résultat diamétralement opposé à celui auquel on voulait arriver.

1ʳᵉ année. — Il faut tailler la jeune vigne en janvier ou février sur quelques yeux, choisir le meilleur, et laisser la vigne s'allonger autant qu'elle le voudra ; se contenter de palisser au fur et à mesure de leur développement le prolongement et les anticipés que l'on se garde bien d'arrêter.

Si la vigne a été bien plantée, la température convenable, les arrosements suffisants, l'humidité de la serre entretenue par de fréquents bassinages, la tige peut acquérir de 4 à 6 mètres la 1ʳᵉ année.

Plus on laisse s'étendre la vigne, plus les racines s'accroissent, préparant ainsi pour l'avenir un appareil digestif puissant et capable d'alimenter une fructification sérieuse.

2ᵉ année. — On taille à 1 mètre, même davantage si le bois a la grosseur du petit doigt. — Il est plus prudent cependant de ne pas exagérer et de ne pas dépasser un mètre la 1ʳᵉ année.

Chaque œil donnera un bourgeon fertile, si les conditions dont j'ai parlé plus haut ont été observées.

Ne pas laisser plus d'une grappe par coursonne (2) et si les coursonnes ne sont pas espacées à une distance de 20 ou 25 centimètres, il vaut

---

(1) On appelle bourgeons anticipés, ou plus simplement anticipés, les bourgeons qui naissent à l'aisselle des feuilles sur le bois de l'année.

(2) Un œil qui se développe sur le bois de l'année précédente donne naissance à un bourgeon qui prend le nom de coursonnes et conserve ce nom les années suivantes.

mieux en supprimer. — En règle générale, les feuilles ne doivent pas se gêner; quand elles sont trop serrées les unes contre les autres, elles ne peuvent accomplir leurs fonctions. — Les feuilles sont les poumons de la plante; sans feuilles bien constituées pas de bonne fructification.

On arrête les bourgeons fructifères, quand ils atteignent 50 ou 60 centimètres, en les pinçant à 2, 3 ou 4 feuilles au-dessus de la grappe suivant l'emplacement réservé. — Leurs anticipés seront pincés à une feuille et on supprimera tous les autres bourgeons qui tendraient à se produire au fur et à mesure qu'ils se présenteront.

Le prolongement sera laissé intact, et on ne l'arrêtera que lorsqu'il sera arrivé en haut de la serre, les anticipés qui se produiront sur ce prolongement, seront palissés comme des coursonnes et arrêtés à 50 ou 60 centimètres seulement.

3ᵉ année. — Les soins ayant été convenablement donnés pendant le cours de l'année précédente, nous trouverons un prolongement vigoureux, plus gros que le petit doigt, avec un bois dur et presque sans moelle, un bois bien mûr et bien constitué. Dans ce cas, on peut tailler franchement à 1 m. 50, même plus, suivant le développement que l'on peut accorder à la charpente, c'est-à-dire suivant les dimensions de la serre. — Il m'est arrivé souvent de donner 2 m. et même 2 m. 50 de taille la seconde année. — Les bourgeons ou coursonnes seront traités comme il est dit à l'article de 2ᵉ année. — Les coursonnes qui auront donné du fruit, l'année précédente, sur la taille de la seconde année, seront taillées sur un œil bien constitué. — On ne laissera à chaque coursonne qu'un seul bourgeon et non deux comme on le pratiquait autrefois.

Si, pour une cause quelconque, la vigne n'avait pas poussé avec vigueur, ou si le bois était mou avec une moelle abondante, il faudrait être très prudent et ne tailler que sur 25 centimètres, 50 centimètres au maximum. Il y aurait alors défaut dans la plantation ou manque de soins, très souvent arrosages insuffisants.

4ᵉ année. — On peut et on doit être arrivé en haut de la serre. — Tailler le prolongement à 60 centimètres du faîte, les coursonnes fruitières comme il est dit plus haut, et ne plus laisser de bourgeons se développer à l'extrémité, ni au-dessus des anticipés.

Espacement de la charpente. — Il vaut mieux ne pas avoir les branches charpentières trop rapprochées, 80 centimètres est un minimum, 1 mètre vaut mieux. — On laisse aux coursonnes assez de feuilles et de longueur, pour que le palissage effectué, les extrémités ne viennent pas chevaucher les unes sur les autres, sans cependant laisser de vide entre les feuilles. — Tout le vitrage doit être occupé par la végétation foliacée.

Par conséquent, pour établir une charpente en cordon vertical, (lequel devient en réalité un cordon oblique par l'inclinaison de la serre) il faut planter à 80 centimètres ou à 90 centimètres d'écartement ou mieux à 1 mètre.

La vigne cultivée à l'extension, c'est-à-dire en lui laissant prendre un grand développement, acquiert en peu de temps des dimensions étonnantes. — J'ai vu une serre de 20 mètres de longueur sur 6 mètres 50 de largeur, entièrement garnie par une seule vigne de Frankental chez M. Kay à Finchley, (Angleterre). Ce résultat a été acquis en 6 ans. — La serre a 30 ans de plantation et elle conserve toute sa fertilité.

Nombreux sont les exemples du même genre. J'engage les lecteurs qui désireraient avoir des renseignements plus complets, à se procurer l'ouvrage si intéressant " LES SERRES VERGERS " de M. Ed. Pynaert, qui traite avec une grande autorité la culture fruitière sous verre. (1)

SOINS PENDANT LA VÉGÉTATION. — Je ne puis, dans cette petite brochure sans prétention, donner des détails complets sur cette question si complexe, je me contenterai d'indiquer à grands traits les soins principaux à donner à une serre à vigne pendant l'été.

Arrosages. — Si la vigne redoute une humidité stagnante, elle aime par contre des arrosages assez fréquents, mais surtout très copieux. — Cependant, au moment de la floraison, il faut cesser tout arrosement, et recommencer aussitôt après jusque l'époque de la maturité, où il faudra devenir plus parcimonieux.

Bassinages. — Avant la floraison, la vigne se trouve bien de bassinages, surtout l'après-midi au moment où le soleil a fait les 2/3 de sa course. — On ferme la serre et on mouille le sol et les feuilles. — Il se produit une buée, une atmosphère lourde très favorable à la végétation. — Si on vient à ouvrir le ventilateur quand les feuilles sont mouillées et que le soleil a encore une certaine force, il se produit une évaporation rapide qui occasionne un refroidissement intense, une véritable gelée désorganisant les feuilles comme le ferait une brûlure.

Quand le raisin est noué, on peut encore le seringuer une fois ou deux très abondamment pour le laver du pollen qui peut encore s'y trouver et ensuite ne plus opérer de bassinages que sur le sol.

Aération. — Sans air, pas de bonne végétation, pas de maturité du bois. — Il faut donc aérer souvent, surtout le matin, jusqu'à ce que le soleil n'ait plus assez de force pour faire monter la température au-dessus de 40°, on ferme alors et on bassine. — La température s'abaisse à 30, 35°, chaleur très convenable en été. L'aération doit être plus active au moment de la maturité.

Température à observer. — La vigne aime la chaleur, du moment où elle est aérée et que les racines sont de temps à autre suffisamment mouillées. — Le thermomètre à l'ombre, peut monter sans inconvé-

---

(1) Je puis adresser cet ouvrage franco gare contre envoi du montant de sa valeur qui est de 7,50 ; ajouter 60 c. pour le transport.

Le transport de 2 ou 3 ouvrages expédiés ensemble ne vaut toujours que 60 c.

nient grave à 40 et même 45°. Cependant il vaut mieux l'éviter. Voici du reste un tableau utile à consulter :

ÉPOQUES.	TEMPÉRATURE.			AÉRATION.	ARROSEMENTS.
	JOUR	NUIT	SOLEIL		
Départ........	15 à 20	10 à 15	15 à 30	moyenne.	copieux.
Floraison.....	18 à 25	15 à 18	25 à 35	très aérée.	nuls.
Veraison......	20 à 28	15 à 20	25 à 38	moyenne.	très copieux.
Maturité......	20 à 25	12 à 18	25 à 30	très aérée.	modérés.

Ciselage. — Il est indispensable de se livrer à cette opération, qui permet aux grains de prendre tout leur développement, et donne au fruit une qualité supérieure.

Il faut faire cette opération quand les grains ont acquis le volume d'un très petit pois, et les espacer dans de telles proportions que les grains se touchent à la maturité, sans cependant s'écraser et se déformer. (1)

Il faut éviter de toucher les grains avec les doigts ou avec les cheveux, ce contact produisant souvent des taches très visibles à la maturité.

Maladies et Insectes. — L'*Oïdium* est une affection cryptogamique qui cède à la fleur de soufre. — Quand une serre est parfaitement drainée, qu'il n'y a pas ou peu de fumier dans le sol, on le voit apparaître très rarement et *il cède* toujours à l'application du soufre. — Le prévenir par quelques soufrages après la floraison.

Si le sous-sol est humide, il est presque impossible à combattre, la serre est infectée de spores et il renaît toujours.

Le *Mildew* n'est pas dangereux sous verre, quand il n'est pas introduit dans une serre, il naît très rarement d'une façon spontanée. — Cependant il est bon de donner un ou deux traitements à la bouillie bordelaise, si connue aujourd'hui.

L'*Araignée rouge* est un petit insecte visible à l'œil nu qu'il faut craindre comme la peste. Il se développe avec une rapidité foudroyante quand la serre est tenue trop sèche ; les feuilles deviennent grisâtres, la végétation s'arrête, le fruit ne mûrit plus. — Quand on s'en aperçoit

---

(1) On conserve de préférence ceux qui ont pris l'avance sur les autres. Ce sont toujours les plus gros.

trop tard, le mal est presque sans remède. — Le tabac n'a pas d'influence sur lui. — L'air humide et les seringuages lui sont contraires et gênent sa reproduction.

PHYLLOXERA. — Cet insecte maudit a coûté des milliards à la France, et ruiné nos vignobles. Quelques personnes prétendent qu'il a toujours existé et que si les vignobles ont été dévastés, c'est que l'on avait toujours demandé du raisin à la vigne sans la nourrir, en un mot que l'on ne restituait pas.

Il est admissible qu'une vigne affaiblie doit être plus facilement tuée qu'une autre, mais le phylloxera se développe tout aussi bien sur une vigne soignée, en terre bien préparée et fertile, que sur les raisins d'une vigne négligée.

J'ai dit plus haut combien les Anglais étaient prodigues d'engrais envers leurs vignes, et certes on ne peut suspecter leurs cultures de manquer de nourriture. — Voici un fait que tous les amateurs devraient connaître. Il est rapporté par les journaux anglais. A la Société royale de Chiswick, une serre avait été plantée de vignes provenant de Hongrie ; la végétation avait été superbe au début. Tout à coup, on remarque un ralentissement dans la végétation, les vignes s'étiolent, et le mal devient assez sérieux pour que l'on examine les racines. — On y trouve des nodosités anormales qui, soumises au microscope, dénoncèrent la présence du terrible insecte. — On n'hésita pas à employer les grands remèdes. Les vignes furent arrachées et brûlées. Toute la terre des bordures enlevée et mise en tas avec des couches de charbon fut traitée comme un four à briques. Les boiseries et murailles furent badigeonnées au pétrole à plusieurs reprises, et on replanta dans une autre terre. — L'insecte ne reparut plus.

D'autres accidents du même genre se produisirent en Angleterre, à la suite d'importations de vignes infectées. — Je tiens le fait de M. Thomson et d'autres spécialistes. Je ne saurais donc trop mettre en garde contre l'achat de vignes dans les endroits où le phylloxera a été signalé, et même à une distance raisonnable, car le phylloxera se propage non seulement par contact, mais encore par essaims ailés qui se déplacent en été et vont s'abattre à une distance très éloignée quelquefois du lieu de leur éclosion. — Chaque année, un décret indique les endroits déclarés officiellement phylloxérés. (1)

Ceux qui voudraient établir une serre en pays phylloxéré, agiront sagement en plantant leurs vignes en variétés greffées sur plants américains.

CULTURE FORCÉE, HATÉE, RETARDÉE. — La vigne cultivée sous verre se prête à toutes les fantaisies du praticien, du moment où il connaît

---

(1) Parmi les départements déclarés phylloxérés par décret du Président de la République, je relève les noms suivants :

Loiret, Orléans. — *Maine-et-Loire*, Angers. — *Marne*, Épernay. — *Aisne*, Château-Thierry. — *Rhône*, Lyon. — *Aube*, Troyes. — *Seine*, Nanterre, Puteaux. — *Seine-et-Marne*, Fontainebleau, Melun, Brie-Comte-Robert. — *Seine-et-Oise*, Corbeil, Étampes.

à fond les exigences, qualités et défauts des diverses variétés de raisin; le choix de ces variétés a une importance capitale.

La culture forcée consiste à devancer plus ou moins, à l'aide du chauffage, l'époque de la maturité. Autrefois on parlait de 1re saison, 2e saison, 3e saison, aujourd'hui il n'y en a pour ainsi dire plus, et l'on trouve toujours du *Frankental* nouveau en toutes saisons. — Il faut rendre justice à l'habileté de nos voisins du Nord, ils sont arrivés à un degré de perfection, ils ont atteint un tour de main qu'il semble difficile de dépasser, dans cette obtention du Frankental à toute époque de l'année.

Il est juste de dire, que le raisin forcé obtenu avant le 15-20 avril, n'est jamais bien beau, et que le rapport comme quantité laisse à désirer. On n'obtient qu'une demi récolte.

Au point de vue commercial, c'est une opération qui n'est plus recommandable depuis l'apparition du raisin de culture retardée.

La culture hâtée est celle qui consiste à avancer la maturité, ou plutôt à l'aider au moyen d'abris vitrés, sans chercher à faire végéter la vigne avant le départ naturel des bourgeons. Généralement on arrive à un meilleur résultat avec un peu de chaleur artificielle, mais elle n'est pas indispensable pour un certain nombre de variétés, qui seront désignées plus loin.

La culture hâtée est, sans contredit, la plus facile, la plus commode, la plus agréable à tous les points de vue, quand on choisit bien les variétés, et qu'on ne demande pas à une vigne qui réclame impérieusement du chauffage, par exemple, de donner de beaux et bons fruits dans une serre non chauffée.

La culture retardée n'est pratiquée que depuis une quinzaine d'années en Angleterre, et depuis 1888 en Belgique. J'ai construit en 1880 une serre de 40 mètres destinée à l'étude de la culture retardée, et ce sont les produits de cette serre qui ont excité l'étonnement et l'admiration, lorsque pour la première fois, je me décidai à en envoyer aux halles de Paris.

La culture retardée consiste, après avoir réuni dans une même serre des variétés très tardives, à retarder autant que faire se peut le départ de la végétation en aérant beaucoup et arrosant peu.

Au départ de la végétation, on cultive comme dans la culture hâtée en aérant cependant davantage et en maintenant généralement une température de quelques degrés moins élevée que ne l'indique le tableau (page 27). Au mois de septembre, il faut commencer à soutenir la végétation par la chaleur artificielle et maintenir une température suffisante jusqu'à la maturité complète qui arrive en novembre, décembre ou janvier suivant le traitement donné. A partir de ce moment, aérer quand on le peut, et se contenter d'une chaleur très tempérée, variant entre 3 et 8°.

Les derniers soins consistent à protéger la récolte des rayons du soleil par un badigeonnage sur les carreaux de la serre, on peut ainsi conserver le raisin sur la vigne jusque le mois de mars.

Choix des variétés. — Le choix des variétés a une importance capitale dans la culture sous verre, et on perdra son temps, son argent et ses peines en voulant cultiver certaines espèces dans des conditions que la pratique a démontré ne pas leur être favorable.

Il y a, paraît-il, près de 1,500 variétés de vignes, et je n'oublierai jamais l'impression que j'ai éprouvée en visitant, il y a une quinzaine d'années, l'une des plus importantes collections qui existent aux environs de Paris, celle de M. Lhéraut, à Argenteuil. Toutes les variétés y étaient cultivées sous trois modes différents, 1° sur échalas comme dans les vignobles, 2° en contre-espalier, 3° en espalier sur muraille.

J'ai visité cette magnifique collection à trois reprises différentes dans la même année, à la floraison, à la veraison et à la maturité. J'ai choisi les cinquante variétés les plus méritantes et les ai cultivées avec constance pendant plusieurs années, en même temps qu'une quarantaine d'autres variétés choisies parmi les plus vantées tant en France qu'en Belgique et en Angleterre.

Procédant par ordre de mérite, j'ai éliminé successivement tout ce qui me paraissait inférieur ou défectueux, et j'en suis arrivé à ne conserver qu'un choix très restreint, résultant de dix années d'expériences.

Culture forcée. — **Frankentaler** ou **Black Hamburg** des Anglais.— Excellent et magnifique raisin noir, d'une fertilité soutenue, le meilleur pour la culture forcée et la culture hâtée. — Le seul qui se prête à toutes les fantaisies des producteurs. Il y a de nombreuses sous variétés qui ne le valent pas. — Se procurer la vraie.

Foster's White Seedling. — Excellent raisin jaune verdâtre, très fertile, se prête très bien à la culture forcée, du moment où l'on ne cherche pas à l'obtenir avant la fin d'avril.

Buckland Sweetwater. — Superbe et excellent raisin un peu délicat à la nouaison, beaucoup moins fertile que le précédent, assez capricieux, mais plus beau et plus décoratif. — Ne pas chercher à l'obtenir avant le mois de mai.

Culture hâtée. — On peut cultiver côte à côte en serre froide, c'est-à-dire non chauffée, les variétés suivantes :

> Frankentaler,
> Foster's White Seedling,
> Buckland Sweetwater,
> Chasselas de Fontainebleau, avantageusement connu.

On peut y adjoindre :

Madresfield Court, plus difficile à cultiver et sujet à se fendre au moment de la maturité. Mais splendide raisin noir bleuté, d'un goût exquis quand il est réussi.

Dans une serre munie d'un chauffage, on peut cultiver les variétés ci-dessus, qui donnent un résultat excellent.

On peut y planter :

Muscat d'Alexandrie. — Le plus beau raisin blanc connu.

Gros Guillaume. — Très tardif, donne d'énormes grappes d'un beau noir pourpré. — En 1877, un Irlandais, M. Roberts, en a exposé une qui pesait 10ᵏ650.

Black Alicante. — Beau raisin noir tardif, très fertile. Le plus populaire pour la culture retardée.

Canon hall muscat. — Splendide raisin, plus gros que le muscat d'Alexandrie, dont il est une sous-variété, mais très capricieux à la nouaison.

Gros Colman. (1) — Le plus estimé de tous les raisins en Angleterre, où on le préfère au Black Alicante. Énormes baies pourprées.

Lady Down's Seedling. — Noir tardif, grappe cylindrique de forme parfaite, croquant, légèrement parfumé.

Je ne saurais trop engager les amateurs qui voudraient cultiver toutes ces variétés à diviser leur serre en deux compartiments avec aération indépendante pour chaque partie.

Dans le premier on planterait les six variétés désignées pour serre froide, et dans le second les six dernières variétés, celles-ci mûrissant moins vite que les premières, pourront continuer à recevoir de la chaleur, des arrosages, une ventilation différente, suivant l'état de leur végétation.

Pour me résumer, le Frankentaler donnera toujours une excellente récolte sans mécompte. Le Foster's Seedling vient aussitôt après. Ces variétés en serre froide sont absolument parfaites. Les autres sont plus aléatoires. — Il y a des sous-variétés de Frankentaler qui sont peu ou pas fertiles, et dont il est prudent de se méfier.

Culture retardée. — Les deux meilleures variétés sont le *Black Alicante* et le *Gros Colman.* — Celui-ci exigeant un peu plus de chaleur ; quand on peut les cultiver isolément on obtiendra des produits plus parfaits.

Viennent ensuite par ordre de mérite :

Le Muscat d'Alexandrie.
Le Gros Guillaume.
Le Lady Down's Seedling.

On trouvera peut-être, que le nombre des variétés que je cite est peu considérable. — Mais j'ai vu tant d'amateurs, qui s'étaient procuré des,

---

(1) Le Gros Colman obtenu en plein air a un goût détestable. Pour acquérir toutes ses qualités, il lui faut absolument une serre chauffée et mener lentement la maturité.

L'apparition de quelques grappes obtenues en plein air aux environs de Paris a jeté sur le marché Parisien un discrédit immérité sur le gros colman, tandis que sur les autres marchés du Nord, il a conquis la première place par la finesse de sa peau et la saveur de sa chair, surtout en février et mars. — De plus, suspendu au dessus des corbeilles, il acquiert à l'éclat des lumières électriques un éclat et une transparence que nul autre raisin d'hiver ne peut égaler. — Le Colman un peu rougeâtre est meilleur que celui qui devient tout à fait noir.

collections achetées à la suite d'expositions très jolies du reste, mais impropres à la culture sous verre, complètement désillusionnés et découragés, que je ne saurais trop mettre en garde contre la tendance générale de planter des espèces que la pratique n'a pas approuvées.

La culture commerciale se contente de quelques variétés, à l'exclusion de toutes les autres ; c'est un enseignement dont les amateurs *qui plantent pour récolter* doivent tenir compte. — Voici approximativement dans quelles proportions ces variétés sont cultivées en Angleterre et en Belgique. (1)

	BELGIQUE.	ANGLETERRE.
Frankental	50 %	35 %
Foster's	5 %	3 %
Black Alicante	18 %	10 %
Gros Colman	25 %	35 %
Muscat d'Alexandrie	1 %	12 %
Autres	1 %	5 %
	100	100

LE PÊCHER SOUS VERRE

Est-il besoin de faire l'éloge de la pêche, que beaucoup considèrent comme le roi des fruits ? Son parfum, sa robe veloutée aux tons éclatants, sa chair savoureuse et délicate lui donnent, à côté du raisin, la place d'honneur sur nos tables, et les gourmets les plus raffinés rendent justice à ses qualités. Aussi la culture de la pêche sous verre s'est-elle rapidement popularisée, puisqu'elle permet sans chauffage de devancer de près d'un mois la maturité de cet excellent fruit. De plus la fructification est assurée, et dans les pays du Nord, cette considération a une grande valeur.

Je vais essayer de donner quelques indications concernant la culture hâtée du pêcher, sans m'arrêter à la culture forcée qui présente quelques difficultés, et m'étendrai d'avantage sur les procédés les plus pratiques, permettant d'obtenir des pêches depuis juin jusqu'en octobre sans interruption.

SERRES ET ABRIS. — Le pêcher sous verre réclame impérieusement une serre ou un abri que l'on pourra ventiler de la façon la plus large, et je ne saurais trop recommander quelle que soit la forme de serre

---

(1) J'aurais voulu m'étendre davantage sur certains points mais le cadre restreint de cette petite brochure qui n'a d'autre prétention que de donner quelques conseils aux amateurs ne me permet pas de le faire. — Je ne puis qu'engager ceux qui désirent être plus renseignés à se reporter à l'excellent ouvrage "*les Serres-Vergers*" de M. Ed. Pynaert.

adoptée, de la faire construire avec un ventilateur ou châssis dans le haut pouvant s'ouvrir sur toute la longueur de la serre. Le pêcher redoute la trop grande chaleur sans aération, et si quelques personnes prétendent que les pêches obtenues sous verre sont dépourvues de cette chair fondante et juteuse qui en fait la principale valeur, c'est que ces fruits ont été soumis à une température trop élevée, que l'on n'a pu modérer par le renouvellement rapide de l'air.

La forme de la serre est peu importante du moment où cette condition indispensable de la ventilation est soigneusement observée, et que le vitrage peut recevoir directement l'action du soleil pendant les trois quarts de la journée.

Fig. 11. — Serre roulante brevetée de M. Delcueillerie de Blandain, près Tournai.
(Voir page 37).

Dans le cas d'une serre à deux versants, le meilleur mode de conduire la charpente, sera de la diriger parallèlement au vitrage en la maintenant à une distance de 30 à 40 centimètres du verre.

On peut aussi placer des abris vitrés fixes ou roulants (voir fig. 11), contre un espalier déjà formé. Généralement les abris que l'on emploie, pêchent par défaut d'aération au sommet.

On n'y trouve le plus souvent que quelques petites ouvertures, qu'il vaut mieux remplacer par un châssis ouvrant d'un bout à l'autre de l'abri.

Je parlerai plus loin des serres roulantes (1) ou abris roulants, (fig. 11) dont l'invention n'est pas récente, mais que l'on n'avait pas utilisés à cause de leur prix élevé ; le rendement n'était pas en rapport avec la dépense. De grands progrès ont été accomplis depuis quelques années et l'abri roulant pour le pêcher, est devenu très pratique.

Choix des variétés. — Depuis l'obtention des variétés précoces américaines, on peut avoir des pêches en plein air à partir des premiers jours de juillet jusque fin septembre ; au moyen d'abris vitrés on peut commencer à récolter dès la première semaine de juin.

On reproche aux variétés américaines précoces d'avoir la chair adhérente au noyau, de manquer de saveur et de sucre. Ce défaut est atténué sous verre, et l'Amsden aussi bien que l'Alexander acquiert plus de qualités sous verre que cultivé en plein air, surtout dans les pays du Nord, à la condition de bien aérer au moment des fortes chaleurs. Voici une liste des variétés qui se comportent le mieux en serre.

Alexander. — Variété américaine très précoce, bien colorée, à chair très jûteuse et assez parfumée.

Le fruit est gros, quelquefois très gros. La chair adhérente au noyau. Elle mûrit en serre non chauffée dans la première semaine de juin sous le climat du Nord.

Précoce de Hale. — D'une bonne grosseur, suffisamment colorée, avec un noyau non adhérent. Cette variété est indispensable à toute plantation. Elle mûrit 15 à 20 jours après l'Alexander.

Grosse Mignonne hâtive. — Beau et excellent fruit, — l'une des meilleures pêches, assez bien colorée avec quelques marbrures, elle mûrit environ 15 jours après la précoce de Hale.

Madeleine rouge (*ou de Courson*) fruit gros à chair bien fondante, mûrit après la grosse mignonne hâtive.

Cette variété et la suivante sont les plus cultivées sous verre en Belgique.

Galande (*ou noire de Montreuil*). — C'est peut-être la variété qui noue son fruit le plus facilement sous verre — fruit gros, d'un coloris intense — avec un mamelon accentué. Excellente variété, succède à la Madeleine rouge.

Lord Palmerston. — Tardif, énorme, de deuxième qualité. Cependant, on ne regrette pas d'en posséder un arbre à cause de la beauté et des dimensions du fruit qui atteint parfois 32 à 35 centimètres de circonférence.

Salway. — C'est la pêche la plus tardive. On peut la voir mûrir sous verre pendant tout le mois d'octobre, si on a eu la précaution

---

(1) Construites par M. Delcueillerie de Blandain, près Tournai, qui a fait breveter ses ingénieux procédés.

d'enlever le vitrage pendant l'été. Sa qualité est très bonne, eu égard
à la saison.

Lord Napier. — Le meilleur de tous les brugnons pour la
culture sous verre. Gros fruit, bien coloré, quelquefois énorme (j'en ai
récolté qui avaient 7 cent. 1/2 de diamètre), excellente qualité, mûrit
en même temps que la Galande.

Ces six variétés suffisent pour avoir une succession de bons fruits,
dont le rendement est assuré avec une culture soignée. On peut en
réussir d'autres surtout en culture non chauffée, toutefois *le résultat
final* est moins certain.

Plantation et engrais. — Les terrains un peu calcaires sont ceux
qui conviennent le mieux au pêcher et comme pour la vigne le sous-
sol doit être draîné s'il n'est pas perméable. Il vaut mieux planter le
pêcher greffé sur prunier dans les terrains de bonne consistance
plutôt humides, ce qui est le cas le plus fréquent dans le Nord,
tandis que le pêcher greffé sur amandier est préférable pour les
terrains secs, caillouteux et très calcaires.

Le sol doit être bien défoncé ; avant la plantation, comme amendement il faut ajouter du calcaire, si cet élément fait défaut, en ce cas,
des vieux platras de démolition dans la proportion de 5 à 10 % du
poids de terre, sont pulvérisés et mélangés intimement à toute la
partie du sol défoncé. C'est le meilleur amendement. Si la terre est
trop lourde, compacte, on peut y ajouter un peu de sable, des fines
cendres, du fumier pailleux, mais en mélangeant le tout très intimement avec la terre.

L'engrais dont je me suis le mieux trouvé est l'engrais des
« *grapperies* D » que j'emploie en mélange au sol dans les plantations,
dans la proportion de 8 à 12 kil. par mètre cube de terre défoncé.

Il n'est pas nécessaire de défoncer à plus de 80 centimètres de
profondeur.

L'automne est l'époque la plus favorable pour la plantation, cependant j'ai eu de très bons résultats en plantant au printemps, fin février,
commencement de mars. Si le pêcher est cultivé en pot, on peut planter
en toute saison, il faut cependant se procurer des arbres relativement
jeunes et autant que possible préparés et dirigés en vue de cet usage.

Un pêcher bien planté atteint dans une serre de grandes proportions en peu de temps, et j'ai vu des branches acquérir dans l'année
deux à trois mètres de longueur.

Soins pendant la végétation. — Je ne pourrai donner que quelques
conseils sur les soins généraux, ne pouvant entrer danr les détails
concernant la direction de la charpente, les pincements, les palissages
et la taille. Tous les jardiniers connaissent ces opérations et d'excellents ouvrages ont été faits sur la matière. Ce qui est moins connu, ce
sont les soins généraux à appliquer sous verre, pour obtenir une
bonne et saine végétation et des fruits de premier ordre.

Ces soins consistent en aération, arrosements et température ;

donnés bien à propos, ils pemettent de gagner au moins trois semaines sur une autre serre semblable, mais mal dirigée.

Avant la floraison il suffit de donner d'abord un bon arrosage à fond dans toute la serre, puis se contenter d'ouvrir les ventilateurs du haut un peu à la fois quand le soleil se montre et que la température va atteindre 25°. Quand le soleil commence à diminuer d'intensité dans l'après-midi et qu'il a cependant encore assez de force pour que le thermomètre marque 22 à 25°, on peut refermer les ventilateurs et donner un bon seringuage sur les arbres et le vitrage. Une buée bienfaisante se répand dans toute la serre et influe favorablement sur la végétation. Pas de seringuages à opérer quand le soleil ne se montre pas. C'est avant la floraison qu'il convient de donner un traitement préventif contre les pucerons qui ne manquent jamais de se déclarer, et il ne faut pas attendre qu'on les voie; il y en a *toujours*. Quel que soit le moyen employé, vaporisation de tabac (1) ou seringuage au jus de tabac, on ne doit pas le pratiquer dans la période suivante.

Floraison. — Au moment où les fleurs commencent à s'ouvrir, il faut éviter de mouiller la serre, et aérer largement quand le soleil se montre ; l'après-midi diminuer les ouvertures, sans refermer les ventilateurs complètement avant que le thermomètre descende à 15°.

La floraison est l'époque critique, elle réussira infailliblement si l'on aère avec précaution, si l'atmosphère est suffisamment sèche et que la température ne s'est pas élevée à plus de 25°.

Après la floraison, il faut recommencer les seringuages comme avant l'épanouissement des fleurs ; le soleil aura plus de force, cependant ne pas exagérer la chaleur, et ne pas laisser le thermomètre monter à plus de 28°.

Le matin, quand le thermomètre marque 20° et que le temps est clair, on ouvre un peu à la fois, et l'après-midi, lorsque la température va commencer à diminuer, on ferme et on bassine aussitôt.

Toujours employer de l'eau à la température de la serre, et l'envoyer en pluie fine sur les feuilles. Par un temps couvert, on peut se dispenser d'aérer.

De temps à autre, opérer une fumigation ou un seringuage au jus de tabac.

Quand les fruits se colorent, veiller avec soin à ce que l'aération soit plus énergiqne et ne fermer le ventilateur que beaucoup plus tard dans la journée. On peut continuer à seringuer sur les fruits qui deviennent plus colorés, si on laisse les ventilateurs légèrement ouverts pendant la nuit.

Des détails complets sur la culture forcée du pêcher se trouvent dans l'ouvrage déjà cité (*les Serres-Vergers*).

Une observation importante concernant la cueillette des fruits, c'est

---

(1) Quand on veut vaporiser du tabac dans une serre, il faut le faire par un temps calme, et seulement lorsque toutes les parties foliacées des arbres sont bien sèches, sans cela il se produit souvent des brûlures sur les feuilles.

de ne jamais attendre la maturité complète. Lorsque le fruit dégage franchement son parfum, on peut le cueillir et le mettre dans un endroit frais où il acquerra toutes ses qualités au bout de 3 à 4 jours. Quand on attend trop longtemps avant de cueillir une pêche, la chair devient grasse, sans sucre et sans parfum.

Moyen d'avoir des pêches sans interruption de juin a fin octobre. — Au moyen des serres roulantes (1) qui sont très pratiques aujourd'hui, un propriétaire peut avoir facilement des pêches pendant cinq mois sans interruption, en combinant ses plantations (fig. 11 p. 33).

En supposant une muraille de 20 mètres de longueur et une serre roulante de 10 mètres, qui peut se déplacer devant l'espalier, on y arrivera en plantant ses arbres dans l'ordre suivant :

Dans le premier compartiment, on plantera : *Alexander*, *Précoce de Hale, grosse Mignonne hâtive, Madeleine de Courson, Lord Napier*.

Dans le second compartiment, on plantera: *Madeleine de Courson, Galande Lord Napier, Lord Palmerston et Salway*.

On place naturellement la serre en face du premier compartiment, et on la laisse jusqu'au moment où l'on récolte les premières pêches de grosse Mignonne. On profite d'une journée pluvieuse ou couverte pour déplacer la serre et la glisser en face du deuxième compartiment, qui aura jusqu'alors reçu les soins que l'on donne généralement aux pêchers de plein air, et on traitera le second compartiment comme le premier, en ayant soin cependant, comme on se trouve en plein été, d'aérer davantage et même la nuit. On ne doit plus maintenant chercher à presser la maturité, il faut simplement aider par l'abri, la maturité des variétés tardives qui acquerront ainsi plus de perfection. Le Lord Palmerston et Salway atteindront le maximum de beauté. De plus, le bois mûrira mieux et assurera d'autant la fructification de l'année suivante.

Il ne faut déplacer la serre qu'en février, par un temps doux et pluvieux autant que possible.

Entretien de la vigueur et de la fertilité. — Pour maintenir les arbres en parfait état de vigueur et de santé, et maintenir la fertilité, il sera nécessaire de donner chaque année au départ de la végétation une bonne fumure en surfaçage.

Éviter l'emploi du purin qui rend la terre plastique et ne contient pas tous les éléments voulus, il vaut mieux employer l'engrais des *grapperies S.*, à raison de 100 grammes au m. c. de surface occupé par les racines, le répandre sur le sol et le fourcher en le mélangeant à la terre qui se trouve au-dessus des racines, sans blesser celles-ci. Il est toujours bon de faire suivre cette opération d'un arrosage copieux.

---

(1) M. Delcuoillerie de Blandain, près Tournai, construit des serres roulantes très recommandables et d'un prix très accessible. — Il a bien voulu me confier un cliché que j'ai reproduit plus haut (fig. 11) et qui montre combien le fonctionnement est facile. Les divers systèmes sont brevetés.

Pendant la végétation, on se trouvera bien, d'un paillis de 5 à 6 centimètres d'épaisseur de fumier à moitié décomposé, sur toute la surface occupée par les racines.

ARBRES FRUITIERS EN POTS.

La culture des arbres fruitiers en pots est facile. L'exiguité de l'espace laissé aux racines les force à se mettre à fruit à un âge où, en pleine terre, il n'est encore question que d'*établir leur charpente.* Un engrais puissant, étudié et éprouvé comme l'*Engrais des Grapperies*, véritable réserve de leur nourriture préférée, assure le renouvellement constant de leur santé, de leur vigueur et de leur fécondité.

L'arbre se couvre de fleurs et de promesses. Au dehors, la gelée

Fig. 12. — Vignes en pot cultivées en Angleterre.
Gravure extraite des Serres-Vergers d'Ed. Pynaert.

vient trop souvent détruire les plus belles espérances. C'est ici que l'avantage principal de la culture en pots apparaît dans toute sa force : rien n'est simple comme d'abriter la floraison dans l'orangerie, la véranda, la serre à vignes ou la serre-verger ; au besoin une pièce bien éclairée et *aérée* suffira. Trop de personnes se figurent encore que la culture en pots signifie culture forcée. Certes la culture forcée est de beaucoup facilitée de la sorte, certes la culture hâtée sous verre sans autre chaleur que la chaleur solaire est la plus aisée et la plus sûre, mais il n'est pas indispensable qu'on conserve en serre toute l'année les arbres sitôt leur floraison assurée. Je dirai même qu'il vaut mieux les en sortir à ce moment, exception faite toutefois pour la vigne et le pêcher qui, jusqu'à la maturité du fruit, se plaisent mieux à une température un peu plus élevée. Je parle ici surtout pour le département du Nord et son climat.

Quand vient la maturité, quel ravissant coup d'œil n'offrent pas ces arbres miniatures sur la table, où leur petite tête chargée de fruits appétissants émerge d'une avalanche de fleurs et de verdure sous

Fig. 13. — Vigne en pot.
Cultivée et photographiée par A. Cordonnier, à Bailleul, 1892.

laquelle le pot disparaît ! De quel prix n'est pas une pareille décoration quand la chaleur de la serre ou de la véranda ayant avancé la maturité, nous jouissons hors saison de ce charmant spectacle !

En Angleterre, la culture des arbres fruitiers en pots est devenue très populaire depuis que M. Rivers de Sawbridgeworth qui s'en était fait une spécialité, a exposé dans les nombreuses exhibitions les charmants spécimens qu'il était arrivé à produire, et la préparation de ces arbres constitue une branche de commerce très importante chez un bon nombre d'horticulteurs anglais. C'est par milliers d'exemplaires que l'on vend chaque année des vignes préparées en pot, âgées de 2 ans, que l'on cultive comme le montre la fig. 12 (p. 38) et qui sont régulièrement vendues au prix de 10 shellings, soit 12.50.

En France, cette culture est à peine connue ; quelques amateurs s'y adonnent, et peu nombreux sont les praticiens des environs de Paris

Fig. 14. — Prunier en pot âgé de 8 ans, portant 50 fruits.
Cultivé et photographié par M. A. Cordonnier, à Bailleul, 1892.

qui envoient de temps à autre de rares exemplaires au Pavillon des halles, où ils atteignent assez souvent des prix élevés. Encore n'y rencontre-t-on que de la vigne ou du cerisier.

Aujourd'hui un revirement semble se produire, de nouveaux amateurs se révèlent, et il est probable que dans quelques années, surtout dans le Nord de la France où les serres à fruit se multiplient dans toutes les propriétés, on rencontrera partout des arbres miniatures destinés à faire l'ornement des tables ; il n'y a pas de culture qui passionne autant que celle-là lorsqu'on l'a essayée.

La vigne en pot doit être faite de bouture anglaise, cultivée en serre et avoir subi trois rempotages successifs avec une terre substantielle composée de 3/4 terre de gazon, 1/4 terreau de fumier additionnée d'engrais des *grapperies S* dans la proportion de 5 à 7 % maximun du poids de terre.

La fig. 13 (p. 39) représente le résultat obtenu à Bailleul (d'après une photographie), avec la variété Foster's seedling. Le sarment est contourné au-dessus du pot, attaché à quatre petits tuteurs reliés par un cercle léger en fer, et la figure indique la direction à donner aux bourgeons. Cette vigne n'a jamais reçu d'engrais liquide. Les meilleures variétés à cultiver en pot sont le *Frankentaler*, le *Forster's Seedling* et le *Chasselas de Fontainebleau*.

Fig. 15. — Photographie d'un pêcher en pot âgé de 7 ans, portant 40 fruits de première grosseur. Bailleul, mai 1893.

LES ARBRES A NOYAU (1), pêcher, cerisier, prunier, se cultivent dans la même terre que celle indiquée ci-dessus pour la vigne, en l'additionnant d'un peu de calcaire, quand il fait défaut; 10 % de vieux plâtras donneront un bon résultat.

Le *traitement* à suivre en serre froide est celui indiqué pour le pêcher, en ayant soin cependant de placer le cerisier à l'endroit le

---

(1) Les meilleures variétés à cultiver se trouvent indiquées dans mon catalogue envoyé franco sur demande.

plus aéré de la serre. — La *floraison* du cerisier présente toujours certaines difficultés, et la fécondation artificielle est utilisée avec profit.

Le pêcher, le prunier et l'abricotier nouent facilement. La fig. 14 (p. 40) représente un prunier de huit ans cultivé à Bailleul et photographié en juin 1892.

Le traitement après la fructification est le même pour tous les arbres en pot, sauf pour la vigne que l'on ne fait généralement fructifier qu'une seule fois.

Il faut sortir les arbres par un temps couvert, légèrement pluvieux si possible, enterrer les pots aux 3/4 en plein carré bien ensoleillé, en ayant soin de les recouvrir d'un bon paillis et de les arroser quand il est besoin.

A l'antomne, on procède à un rempotage pour les arbres qui doivent être munis d'un pot plus grand, et à un rempotage partiel pour les autres. — Ce dernier consiste à gratter une partie de la terre au-dessus du pot, environ 3 ou 4 centimètres, sans trop endommager les racines et aussi, de plus, à enlever autour de la motte un peu de terre avec les petites racines qui s'y trouvent, en ménageant les grosses. — Remplacer la terre enlevée par de la nouvelle terre préparée en tassant bien fortement avec un bâton pour ne pas laisser de vides.

Hiverner les arbres dans une serre froide ou sous un hangar, en entourant les pots de paillis pour éviter que la gelée ne les fende.

Au printemps, quand la végétation se réveille, on les arrose copieusement, avant le départ des bourgeons (1).

J'ai vu chez Rivers, des pêchers en pots âgés de 40 ans, dont les pots n'avaient que 40 centimètres de diamètre, et qui portaient chaque année, de 60 à 100 beaux fruits.

La fig. 15 (p. 41) représente un pêcher de 7 ans photographié en mai, à Bailleul et portant 40 fruits de toute beauté.

ARBRES FRUITIERS.

Il est reconnu aujourd'hui que les arbres fruitiers nécessitent au moment de leur plantation, un apport d'engrais de réserve si l'on veut obtenir une vigueur et une fertilité soutenues. — Je ne parlerai pas des grandes plantations de rapport où l'on doit surtout se préoccuper de planter des essences fruitières qui réussissent bien dans le sol où l'on veut établir ses arbres, j'envisagerai surtout la création d'un jardin fruitier où l'on veut obtenir des fruits de toutes variétés pour l'usage du propriétaire.

---

(1) La culture des arbres fruitiers en pot, est traitée d'une façon complète dans les Serres-Vergers de M. E. Pynaert. — Il m'a été impossible d'entrer dans des détails plus complets dans cette brochure. Pour répondre au désir des amateurs, je me suis mis en mesure de pouvoir leur expédier ce volume contre l'envoi du prix marqué 7.50. — Joindre 60 centimes pour le recevoir franco gare.

Etant donné qu'il faut enrichir le sol avant la plantation, et que cette réserve ne peut être faite avec de grandes quantités de fumier, très onéreuses d'abord, ensuite funestes pour les arbres, on se trouvera très bien d'ajouter à toute la masse défoncée une proportion de 5 à 10 k. d'engrais des grapperies D par mètre cube de terre, suivant que le sol est plus ou moins fertile, en ne négligeant pas, suivant sa nature, de l'amender convenablement.

Dans le cas d'un sol trop agileux, ajouter un peu de fumier pailleux qu'on mélange intimement avec tout le sol défoncé ; un peu de calcaire sous forme de chaux éteinte ou de vieux plâtras sera très utile dans ces sols argileux. — Si le sol est calcaire et trop léger, il faudra au contraire lui donner de la consistance au moyen d'un apport de terre plus argileuse.

La vigne se trouvera très bien de la dose d'engrais dont il est parlé à la plantation sous verre; du reste, tout ce qui est dit dans ces deux chapitres, culture sous verre de la vigne et du pêcher, s'applique à leur plantation en plein air (Voir page 35).

Tous les arbres à noyaux demandent une proportion plus forte de calcaire qui s'ajoute comme amendement au moment de la plantation comme il est dit plus haut (page 35).

Le propriétaire qui suivra ces conseils n'aura pas à s'en repentir, et il aura la satisfaction de voir ses arbres vigoureux, de belle venue, chargés de beaux et excellents fruits. La dépense sera minime à côté des résultats que l'on obtiendra.

Quelques années après la plantation, un surfaçage avec l'engrais des grapperies S, à raison de 100 à 200 grammes (1) par mètre carré de surface présumée occupée par les racines sera très efficace et maintiendra la fertilité. — Pour cela, on peut user de deux moyens, ou bien, semer l'engrais à la surface du sol, et l'enterrer par un bon fourchage, effectué jusqu'aux racines supérieures, ou bien enlever la terre jusqu'à ces racines, semer la moitié de l'engrais sur l'espace découvert, le reste sur la terre enlevée, et l'on mélange intimement avant de recouvrir les racines. — Ceux qui alterneront ces deux procédés d'année à autre, agiront mieux encore.

Ces opérations se font avant le départ de la végétation.

LE CHRYSANTHÈME.

QUELQUES MOTS SUR SA CULTURE A LA GRANDE FLEUR.

Six ans se sont écoulés depuis que, passant la Manche, le soi-disant secret de la culture du chrysanthème à la grande fleur est

---

(1) Suivant la vigueur des arbres ; plus ils sont faibles, plus on doit mettre d'engrais.

tombé entre les mains de quelques amateurs du Nord. Je fus un des plus fervents parmi ces premiers admirateurs du Chrysanthème transformé. A la suite de quelques essais très encourageants, je réunis tout ce qu'on connaissait alors d'anciennes variétés et tout ce qui parut de nouveautés. La floraison de cette magnifique et importante collection fut un triomphe. Les fleurs françaises n'avaient plus rien désormais à envier à leurs sœurs d'Outre-Manche. Exposant comme amateur sous mon nom, comme horticulteur sous la firme Phatzer et Cie, je remportai en France et à l'étranger, d'Anvers à Grenoble, plus de soixante récompenses, objet d'art, tableaux et médailles. La fameuse exposition de la Société Artistique de Roubaix-Tourcoing ouvrit le feu. Ce fut la première fois qu'on vit figurer dans une exposition française le chrysanthème grande fleur. Ceux qui ont assisté à la Fête des fleurs à Roubaix où 3,000 plantes de chysanthèmes cultivées à la grande fleur étaient groupées dans mes serres d'amateur, ont conservé de ce spectacle unique un souvenir ineffaçable. (Voir la planche ci-contre).

La grande fleur dont beaucoup prophétisaient alors la rapide défaveur, que d'autres appelaient des monstres difformes, la grande fleur qui était, disait-on, un outrage au bon goût est maintenant encore plus que jamais la fleur en vogue.

Ceux qui ont le plaisir d'admirer en octobre ou novembre les étalages superbes de nos fleuristes parisiens, savent à quoi s'en tenir à cet égard. Se prêtant plns que toute autre aux ingénieuses fantaisies de l'art décoratif, la fleur du chrysanthème est devenue la favorite merveilleuse de nos salons, la richesse décorative de nos vestibules, halls et jardins d'hiver. C'est la fleur d'or, c'est le dernier rayon de soleil, jetant sa note gaie et éblouissante dans nos appartements assombris par l'hiver.

Depuis 6 ou 7 ans, la vogue du chrysanthème s'est étendue partout, aussi bien en Amérique que dans les diverses contrées d'Europe, et des semeurs infatigables Français, Anglais, Américains, Italiens, etc, enrichissent chaque année les anciennes collections de variétés nouvelles dont quelques-unes sont merveilleuses (1).

Depuis longtemps il n'est plus question de compter ceux qui réussissent à obtenir l'idéal commun, la grande fleur. Presque tous y parviennent et beaucoup " pour leurs coups d'essais ont porté des coups de maître. "

Aussi serait-il superflu d'insister par le menu sur la série complète des précautions recommandées comme indispensables.

Je ne m'arrêterai donc qu'aux recommandations les plus importantes,

---

(1) Suivant de près les nouveautés quand elles apparaissent, mon catalogue spécial de Chrysanthèmes (envoyé franco) tiendra l'amateur au courant des mérites de celles qui ont une réelle valeur.

Cultivé et photographié par Anatole Cordonnier en 1894   (227 — Mme E.-D. ADAMS)   aux Grapperies du Nord, à Bailleul (Nord)

LILLE. IMP. L. DANEL

m'étendant un peu plus sur quelques points de détails moins connus, et surtout sur une méthode nouvelle permettant d'éviter de très gravos mécomptes occasionnés, la plupart du temps, par l'emploi des engrais suivant les méthodes employées jusqu'ici.

Je veut parler de l'emploi de l'engrais *Papillon* dont j'ai dit quelques mots page 12.

Le chrysanthème est une plante qui se développe avec rapidité et vigueur quand elle est bien traitée, aussi faut-il répondre à ses exigences par des engrais convenables.

C'est une erreur d'employer au début des engrais trop énergiques, ou exclusivement azotés. Dans ce cas, on à des bois mous, épais, sans rigidité, et les fleurs sont loin d'être en rapport avec les espérances que le feuillage et la tige avaient fait concevoir.

Beaucoup d'engrais ont été conseillés : le purin étendu d'eau, la bouse de vache, la colombine délayée dans l'eau, la suie, le fumier frais de mouton. L'usage de ces engrais est très compliqué, le jardinier a une tendance inconsciente à forcer les doses, souvent on arrose avec ces engrais lorsque la terre est trop sèche, et chaque fois des accidents arrivent ; les racines sont brûlées et les feuilles tombent.

L'engrais « *au papillon* » mélangé à la terre du rempotage obvie à ces inconvénients et dispense de toutes ces manipulations successives d'engrais à préparer, au moins jusque l'époque de la formation du bouton, c'est-à-dire fin août.

Il contient une réserve de nourriture qui devient assimilable au fur et à mesure du développement de la végétation par la préparation particulière des divers éléments organiques qui le composent en grande partie, et donne les proportions d'azote, acide phosphorique et potasse qui conviennent à la plante, avec l'usage de l'eau pure pour tout arrosement.

En aucun cas, il ne peut être nuisible aux racines, la majeure partie des éléments de l'engrais étant des matières organiques.

Si par suite d'une négligence de l'ouvrier chargé des arrosements, la terre du pot devient presque sèche, la nitrification s'arrête, et ne reprend qu'après la mouillure complète de la motte, sans occasionner d'accidents.

Voici comment le compost est préparé pour les rempotages (1) :

3 brouettes 1/2 terre de gazon bien fibreuse (1)... environ	174 k.	
1/2 brouette terreau de feuilles	»	20 »
Engrais au papillon..............................	»	6 »
		200

---

(1) Si l'on n'a pas sous la main de terre de gazon bien fibreuse et que l'on n'ait à sa disposition qu'une bonne terre franche de jardin, opérer le mélango comme suit :

2 brouettes 1/2 terre de jardin............... environ	124 k.	
1/2 brouette terreau de fumier...............	»	20 »
1/2 brouette terreau de feuilles.............. ...	»	20 »
1/2 brouette de sable.........................	»	25 »
Engrais au papillon.......................	»	6 »

Il faut que le mélange ait une bonne consistance mais ne soit pas plastique.

Autant que possible, opérer le mélange de la quantité de terre nécessaire pour les rempotages successifs quinze jours avant le rempotage.

Bouturage. — L'époque du bouturage est très controversée.

En Angleterre, on le fait tôt, pour pouvoir donner assez de développement et mener à bonne fin 3 ou 4 fleurs par plante.

Dans le Midi, on peut bouturer en mars et avril et arriver au même résultat (1).

Fig. 16. — Bouture de Chrysanthème.

Je bouture comme les Anglais, en décembre, surtout janvier et quelquefois en février. La fig. 16 représente une bouture prête à employer.

Rien de rigoureux comme composition de terre pour la préparation des boutures ; il suffit qu'elle soit légère pour permettre l'émission des jeunes racines (2).

Bouturer à une température de 10° à 12° environ.

Les premières racines apparaissent, suivant les variétés, au bout de 8 à 10 jours, quelquefois trois semaines ou un mois ; mettre alors les boutures à une température moins élevée, 5° à 8° pour que la tête ne soit pas excitée à pousser avant que les racines ne se soient développées et affermies.

---

(1) Dans la région de Lyon, la culture du chrysanthème a fait de très grands progrès; comme le climat y est différent de celui du Nord on peut y obtenir de bons résultats en bouturant tard. Le « Lyon horticole », excellent journal de la région Lyonnaise entretient fréquemment ses lecteurs de la culture du chrysanthème et les amateurs pourront y trouver d'utiles enseignements sur les procédés mis en pratique dans le Midi. Au parc de la Tête-d'Or, à Lyon, sous l'intelligente direction de M. Chrétien, on a obtenu notamment de très beaux résultats en vue de l'obtention de la grande fleur sur des plantes trapues.

A Grenoble, M. Calvat, le célèbre semeur, obtient de superbe résultats en cultivant ses plantes en pleine terre.

(2) Voici la composition qui me réussit le mieux :
    1/2 sable de rivière
    1/2 terre de gazon.
largement additionné de charbon de bois pilé.

Je ne fais intervenir, comme on le voit, aucun engrais pour le bouturage, que je fais en pots de 5 centimètres.

Rempotages. — Les rempotages (1) sont nécessaires, et doivent être opérés chaque fois que la motte est entièrement traversée par les racines, sans attendre cependant que celles-ci se feutrent.

En rempotant successivement dans des pots de 8, 13 et 22 cent., on arrive à avoir toute la terre du pot entièrement garnie de racines, et la plante est plus à même de se bien nourrir. — Tasser fortement la terre au 2e et 3e rempotage.

Le 1er rempotage (*pots de 8 centimètres*) se fait avec un mélange de moitié terre préparée avec l'engrais « *papillon* », 1/4 sable de rivière, 1/4 terreau, en y ajoutant encore un peu de charbon de bois.

Le 2e rempotage (*pots de 13 centimètres*) se fait avec un mélange de 3/4 terre préparée et 1/4 terreau.

Fig. 17. — Chrysanthèmes dans leurs quartiers d'Été.

Le 3e rempotage (*pots de 22 centimètres*) s'opère avec la terre préparée seule, bien tassée.

On laisse un vide de 3 à 4 centimètres au-dessus du pot, que l'on remplit avec un compost sitôt le bouton réservé. — Ce compost se fait avec du terreau de fumier bien gras, auquel on ajoute environ un dixième d'engrais « *au papillon* ». C'est le *Top dressing*.

Inutile d'insister sur la nécessité d'un drainage énergique. Tout pot dans lequel l'eau en excès ne peut s'écouler facilement, donnera une mauvaise végétation, la nitrification ne pourra s'opérer, par conséquent la plante, nouveau Tantale, se trouvera affamée quoique dans un sol très riche.

---

(1) Dans le Nord, il ne peut être question de cultiver en pleine terre, les gelées précoces anéantiraient la floraison.

Pincements. — Quand la plante atteint 12 à 15 centimètres, on pince l'extrémité, 3 à 4 centimètres, et l'on conserve les 3 à 4 meilleurs bourgeons ; on supprime tous les autres, pour ne conserver à la future plante que 3 à 4 tiges.

Tuteurage. — Un bon tuteur proportionné comme hauteur à la taille que la variété peut acquérir est fiché dans le pot, et les tiges sont palissées au fur et à mesure de leur développement.

On enlève toujours les bourgeons qui naissent à l'aisselle des feuilles.

Préparation des boutons, **Couronne et Terminal.** — Les plantes ayant été sorties sitôt que les gelées ne sont plus à craindre, et rangées sur de la cendrée ou sur des planches comme le montre la figure (17) reçoivent tous les soins qu'elles comportent, c'est-à-dire arrosements, palissages, insecticides, ébourgeonnements, etc.

Tous les efforts doivent tendre à obtenir une bonne préparation des boutons et par suite une bonne floraison.

Pour obtenir de grandes fleurs, il faut ne conserver qu'un seul bouton à l'extrémité de chacune des tiges, et le point délicat est de savoir choisir le moment le plus opportun pour le fixer.

FIG. 18. — Bouton couronne.

Si on observe la végétation des tiges du chrysanthème, on s'aperçoit à un moment donné que l'extrémité se bifurque en 2 ou 3 bourgeons, ayant au centre un tout petit bouton. C'est ce qu'on appelle une percée ; celles qui se produisent avant le commencement de juillet présentent rarement des boutons pouvant produire une bonne fleur. Il ne faut pas s'y arrêter, au contraire, il vaut mieux supprimer ce bouton et continuer la tige en ne laissant s'allonger que l'un des bourgeons qui l'accompagnent. Les autres sont enlevés.

A partir du 15 juillet, les boutons qui se présentent sont plus sérieux ; certaines variétés ne donnent qu'une ou deux percées avant le bouton terminal qui est le dernier. On appelle *bouton Couronne*

PREMIÈRE RÉVÉLATION DU CHRYSANTHÈME GRANDE FLEUR
A UN PUBLIC FRANÇAIS

A L'OCCASION DE LA FÊTE DES FLEURS ORGANISÉE EN NOVEMBRE 1887, A ROUBAIX
AVEC LE GRACIEUX CONCOURS DES DAMES DE LA VILLE AU PROFIT D'UNE ŒUVRE DE BIENFAISANCE

DANS LES SERRES DE M. ANATOLE CORDONNIER

Cette exhibition dont la figure ci-dessus représente l'une des serres se composait d'environ 3,000 plantes en pots que l'on était parvenu à faire fleurir ensemble. — La serre mesurait 41 m. de longueur sur 8,50 de largeur, soit en déduisant l'allée du milieu, une superficie de 240 m. c. de parterre fleuri. Le succès fut complet, et la fête rapporta **une somme nette de 10,500 francs au profit de l'œuvre.**

(fig. 18), celui qui se présente entouré de deux ou trois bourgeons, et *bouton terminal* le dernier bouton qui se présente apparaît d'autres boutons (fig. 19).

Le point délicat est de savoir choisir l'époque qui convient à chaque variété pour fixer le bouton couronne. Si on le fixe trop tôt, la fleur est difforme, si on attend trop tard, on risque de ne plus avoir que le bouton terminal. Il faut donc une connaissance exacte de chaque variété.

Que faire en présence de variétés que l'on ne connaît pas ?

Vers la mi-août, on peut commencer à fixer les boutons, ou pour employer le terme consacré, les réserver.

Pour cela, on supprime les trois bourgeons qui se présentent autour du bouton, comme l'indique la figure 18. La tige cesse de s'accroître et toute l'activité de la plante se concentre sur la fleur future.

Le bouton couronne réservé au moment propice donne généralement la plus belle fleur ; quelques variétés, toutefois, donnent un résultat meilleur avec le bouton terminal, mais c'est un cas très rare. (1)

Quand on supprime le dernier bouton couronne, et qu'on laisse l'un des bourgeons qui l'avoisinent se développer, il s'allonge de 15 à 30 centimètres, et montre à son extrémité le bouton terminal

Fig. 19. — Bouton terminal.

entouré de trois autres boutons plus petits, (Voir ci-dessus fig. 19), dont la fleur diffère quelquefois d'une façon complète de celle du bouton couronne ; elle est presque toujours plus plate, moins étoffée et d'un coloris plus foncé.

Engrais et arrosements. — J'ai dit plus haut comment j'avais évité presque toutes les manipulations d'engrais liquides au moyen de l'engrais « *papillon* », et des arrosages à l'eau pure.

____

(1) Dans mon catalogue de chrysanthèmes, je donne des indications concernant la valeur du bouton terminal et du bouton couronne d'un grand nombre de variétés.

A la fin du mois d'août, on peut donner une fois ou deux par semaine, un engrais liquide léger, tel que purin étendu d'eau au dixième ou suie trempée dans l'eau, et au moment où la fleur s'ouvre, on peut varier par quelques arrosements au sulfate d'ammoniaque dans la proportion de 1 gramme par litre d'eau.

Cesser les arrosements à l'engrais quand la fleur est aux trois quarts ouverte.

J'ai fait l'année dernière quelques essais pour éviter ces dernières opérations d'engrais liquide, et j'ai réussi par l'opération du *top dressing*. Je n'ai essayé qu'une centaine de pots.

J'ai fait un compost avec 4/5 terreau, de fumier un peu onctueux, 1/5 terre de gazon et ai ajouté à ce mélange une proportion de 10 % d'engrais papillon. J'ai garni le dessus des pots avec une couche de 2 à 3 centimètres de ce compost en disposant la bordure extérieure un peu plus épaisse, réservant ainsi une sorte de cuvette au pied de la tige. J'ai continué mes arrosements à l'eau de pluie et le résultat a répondu à mon attente.

Les arrosements doivent se faire autant que possible à l'eau de pluie, et on doit veiller à ce que la terre ne se dessèche jamais complètement. Cette question des arrosements est délicate, et nécessite du tact de la part de la personne qui en est chargée; ni trop, ni trop peu. En été, il faut quelquefois deux arrosements, parfois même trois dans certains cas.

Dans les journées très chaudes de juillet et d'août, un seringuage ou bassinage sur les feuilles, dans la soirée, produit d'excellents résultats. En septembre, il peut occasionner le blanc.

Floraison. — Dans les régions du Nord et du Centre, la floraison s'effectue mieux sous abri vitré ou en serre qu'en plein air.

Dans les régions plus chaudes, ou très abritées, où l'on peut cultiver la plante en pleine terre, il suffit de garantir les fleurs au moyen d'une toile, légèrement inclinée pour que la pluie n'y séjourne pas.

C'est vers la mi-octobre qu'il convient de rentrer les plantes; les espèces précoces sont mises à l'abri un peu plus tôt, quand on commence à voir l'apparition des pétales.

La serre doit être parfaitement aérée; lorsque le temps est humide ou pluvieux, et que l'on peut chauffer, on obtient un meilleur résultat, surtout pour les variétés tardives.

Insectes, Maladies. — Les trois principaux ennemis du chrysanthème sont le **puceron**, qu'il faut détruire au fur et à mesure de son apparition au moyen de jus de tabac dilué au dixième dans de l'eau.

Le **perce-oreille** qui opère la nuit, ronge l'extrémité des bourgeons, les déforme, ou bien quand les boutons sont réservés les dévore à moitié ; alors la fleur est perdue. Mettre des petits pots renversés garnis de mousse sur le haut des tuteurs, et les visiter chaque jour. On peut ainsi détruire un grand nombre de ces insectes.

La **chenille verte**, dont j'ignore le nom, qui ronge les feuilles,

les boutons, se cache dans les fleurs à moitié ouvertes et les dévore avec avidité. Il faut la chercher et la tuer.

D'autres ennemis, d'un ordre différent, font souvent le désespoir des amateurs.

Le **blanc** est une sorte d'oïdium, champignon microscopique, qui ravage parfois les cultures dans les années humides. La fleur de soufre l'enraye, quand on s'y prend au début.

La **pourriture des fleurs** est peut-être la plus terrible des maladies. Elle se déclare souvent quand les plantes sont rentrées, surtout sous l'influence d'un air confiné et humide. En une nuit, des serres entières ont été quelquefois anéanties par cette grave maladie. Un chauffage modéré, une aération soutenue et des arrosages moins fréquents contribuent à empêcher la maladie de s'accroître. Il faut, sans hésiter, enlever les fleurs qui sont attaquées, car les spores du champignon se répandent dans la serre si on ne prend pas cette précaution, et le mal est alors sans remède.

Il y aurait beaucoup à dire sur le chrysanthème, mais cela dépasserait le cadre modeste de cette petite brochure.

HORTICULTURE ET FLORICULTURE.

EMPLOI DES ENGRAIS GRAPPERIES & PAPILLON.

On peut facilement déduire de ce qui précède, quels avantages peuvent présenter dans la pratique de l'horticulture, et dans la floriculture, les engrais des Grapperies et Papillon.

On emploie surtout en horticulture, pour les plantes de serre, les plantes ornementales, les fleurs en pots, diverses terres ou terreaux, employé seuls ou plus souvent associés. Les plus usités sont : La terre de bruyère, la terre de feuilles ; le terreau de fumier, le terreau de feuilles ou détritus de jardins, la terre de gazon, la terre de jardin.

Avec ces quelques terres on peut cultiver toutes les plantes en pots. Cependant on reconnaît la nécessité de leur donner une nourriture supplémentaire, d'où l'usage d'engrais liquides divers pour toutes les plantes qui ne sont pas cultivées dans la terre de bruyère ou la terre de feuilles exclusivement.

En enrichissant ces terres ou terreaux, en doublant leur puissance au moyen des engrais Grapperies et Papillon, on obtiendra des résultats excellents. Pour cela, il suffit d'ajouter une proportion de 3 à 5 % d'engrais aux diverses terres énumérées ci-dessus, en exceptant toutefois la terre de bruyère et la terre de feuilles qu'il vaut mieux ne pas modifier.

Le jardinier n'a rien à changer à ses habitudes, et peut ainsi faire ses mélanges sans avoir à se préoccuper de l'engrais. (1)

Les avantages sont inappréciables : végétation plus active, plus luxuriante, de plus longue durée: suppression complète ou à peu près des engrais liquides, dont la manipulation entraîne toujours des complications, et souvent des accidents ; enfin, plantes plus volumineuses et plus développées dans un pot traité par ce procédé qu'avec l'ancienne méthode.

Quand faut-il employer l'engrais Papillon et l'engrais des Grapperies ?

On a remarqué que l'engrais azoté poussait au développement des parties foliacées, et contribuait à augmenter le volume des fleurs, tandis que l'acide phosphorique portait la plante à augmenter le nombre de ses fleurs.

L'engrais Papillon renferme à très peu de chose près, les éléments complets du terreau de fumier, tandis que dans l'engrais des Grapperies, qui contient une dose suffisante d'azote et de potasse, l'acide phosphorique a une part plus prépondérante.

Cette explication indique l'emploi de ces deux engrais.

En général l'engrais papillon est indiqué; dans les cas où l'on désire des plantes très chargées de fleurs, il faut alors donner la préférence à l'engrais des Grapperies.

JARDIN D'AGRÉMENT. — MASSIFS. — PLANTES VIVACES. — L'emploi des engrais Grapperies et Papillon rendra de grands services aussi au jardin d'agrément. Dans les jardins et parcs de peu d'étendue, où l'on voudra donner de suite une grande vigueur aux plantations des massifs d'arbustes, l'emploi de 300 à 400 gr. par mètre carré d'engrais des *Grapperies D* dans le défoncement, complété par un peu de fumier dans les terres lourdes, accélèrera la végétation des arbustes et aidera à la production des fleurs.

Dans les massifs d'arbustes un peu languissants un surfaçage avec 100 à 200 gr. par mètre carré, d'engrais des Grapperies, incorporé au sol par un bon fourchage à 10 cent. de profondeur, produira un excellent effet.

Pour les massifs de fleurs, avant la plantation, répandre sur le sol 100 à 200 gr. d'engrais par mètre carré, et l'incorporer au moyen d'un fourchage à 10 cent. de profondeur; opérer ensuite la plantation.

Employer l'engrais Papillon, s'il s'agit de plantes à feuillages ou à fleurs, que l'on désire voir acquérir de grandes dimensions, telles que

---

(1) Un jardinier a toujours sous la main des tas de terre différentes qu'il mélange entre elles au fur et à mesure de ses besoins pour ses rempotages, et suivant les exigences des plantes. Il lui suffit d'enrichir à l'avance avec 3 à 5 % d'engrais Papillon son terreau de fumier, sa terre de gazon, et son terreau de feuilles. Rien à changer aux terres de bruyère et à la terre de feuilles.

Le mélange de terres ou terreaux avec l'engrais, peut être exposé à l'air sans inconvénient; cependant, il est préférable de le tenir à l'abri de la pluie. Du reste, les terres pour rempotages doivent l'être, sans cela elles pourraient être trop mouillées au moment de s'en servir.

géraniums, bégonias, fuschias, hortensias, coléus, calcéolaires, Cannas, dahlias, etc.... S'il s'agit, au contraire, de plantes où l'on désire obtenir le plus grand nombre de fleurs possibles, employer l'engrais des Grapperies, c'est l'engrais indiqué pour les pétunias, pelargoniums, certains géraniums, héliotropes, etc.... Un terreautage à la surface complète l'opération. Ne pas négliger les arrosages, surtout au début.

PELOUSES ET GAZONS. — On attache aujourd'hui, avec raison, une grande importance à la beauté des pelouses. Aussi, que de soins et de préoccupations pour le propriétaire qui aime la bonne tenue de sa propriété. On emploie à profusion certains engrais et souvent à contre sens. Il est vrai que les avis sont bien partagés, et si l'on est moins d'accord pour le meilleur engrais à employer, c'est que la nature du sol joue ici un rôle important.

Si l'on a abusé des engrais azotés, tels que l'engrais flamand ou purin, tourteaux, sang desséché, etc..., essayer l'engrais des Grapperies qui apportera un complément d'acide phosphorique, et donnera de bons résultats.

Au contraire, l'engrais Papillon fera merveille où le phosphate ne fait pas défaut.

Semer ces engrais dans la proportion de 100 à 150 gr. par mètre carré, au printemps, par un temps sec.

C'est avec un engrais similaire que les Anglais obtiennent leurs tapis de verdure si renommés.

ROSIERS. — Tout le monde aime les roses, elles sont toujours les fleurs favorites pendant l'été ; mais combien sont rares les fleurs parfaites obtenues en pleine terre. Le rosier n'aime pas le fumier, et cependant il est avide d'engrais. On aidera puissamment le rosier à acquérir une belle et puissante végétation, en même temps qu'à donner une magnifique floraison, par un surfaçage d'engrais Papillon, à raison de 100 à 200 gr. par mètre carré employé au printemps et en l'enterrant par un bon fourchage.

Les rosiers en pots s'accommodent très bien d'une serre froide ou d'une serre à vignes non chauffée ; les rempoter avec la terre indiquée pour le chrysanthème, les cultiver un an enterrés, en plein carré, les pots recouverts d'un paillis. On peut ensuite les rentrer en serre froide au printemps ; ils donneront une abondante floraison un mois avant la pleine terre. Quand le rosier en pot n'est pas forcé, on peut le conserver longtemps en bonne santé avec des rempotages et des surfaçages sitôt la floraison.

CULTURE MARAICHÈRE ET POTAGÈRE

La grande culture maraîchère se rapproche de l'agriculture, quand elle est pratiquée sur de grande surfaces ; on doit tenir compte de la nature du sol et employer le fumier, en le complétant avec des engrais chimiques suivant la nature des récoltes à faire.

Pour la culture des primeurs pratiquée aux portes des grandes villes, on emploie surtout le fumier que l'on peut se procurer à bon compte, et le terreau qui provient des nombreuses couches à primeurs permet de cultiver d'excellents légumes obtenus rapidement avec l'aide de copieux arrosages. Cette culture est tellement perfectionnée par nos habiles maraîchers, surtout aux environs de Paris, qu'il ne semble pas possible d'arriver à de meilleurs résultats.

Il en est autrement dans beaucoup de potagers où l'on ne peut se procurer assez de fumiers et terreaux pour cultiver avec l'aide du fumier seul.

On a préconisé de nombreuses formules d'engrais chimiques applicables aux diverses variétés de légumes ; dans la pratique il est très difficile de les utiliser à cause du détail qu'elles présentent. Et cependant, on ne peut cultiver indifféremment avec les mêmes engrais tous les légumes, comme on le fait trop souvent. Les uns réclament une fumure fraîche, largement azotée, d'autres une fumure de date plus ancienne avec éléments complets ; d'autres enfin, un sol riche en acide phosphorique et potasse sans addition récente d'azote.

La pratique suivante résout toutes les difficultés et donne d'excellents résultats de la manière la plus simple avec les deux engrais *Grapperies S* et *Papillon*.

Diviser la surface du potager en trois parties pour pratiquer un assolement de trois ans.

1re ANNÉE.

A	B	C
Azoté	Terreaux	Potasse
Choux	Oignons	Pois

J'appellerai *carré A* la première partie. — *Carré azoté*. On lui donne avant l'hiver un bon labour en y incorporant 400 à 500 kil. de fumier frais à l'are, ou bien 500 kil. de fumier décomposé à la fin de l'hiver. — Après le labour de printemps, y semer 250 gr. au mètre carré d'engrais *au Papillon* que l'on mélangera dans le sol avec un gros râteau.

Ce carré recevra au printemps tous les légumes demandant un engrais avec dominante d'azote, choux de toutes natures, choux-fleurs, céleris, choux-raves, artichauts, etc.

Comme seconde récolte, épinards, salades, scaroles, radis, poireaux, etc....

Le second carré s'appellera *carré B* — engrais complet. — A la fin de l'hiver, y incorporer 150 à 200 kil. par are de fumier bien décomposer ou terreau et semer après labour 200 gr. *d'engrais des Grappe-*

ries S, lesquels seront mélangés avec la surface du sol au moyen d'un gros râteau.

Ce carré recevra tous les légumes qui demandent un engrais complet avec une fumure plutôt ancienne. — Tels que oignon, carotte, navet, salsifis, laitue, poireau, ail, romaine, chicorée, épinard, cornichons, pomme de terre, etc.

Le troisième carré — qui s'appellera *carré C* — ne recevra qu'un engrais incomplet, potassique, qui peut être obtenu au moyen de cendres provenant de tous les détritus organiques que l'on aura brûlés, à raison de 100 à 200 gr. par mètre carré. Les semer à la fin de l'hiver après le dernier labour, avant le coup de râteau final.

Ce carré recevra toutes les plantes qui demandent un engrais peu ou pas azoté, tels que haricots, pois, fèves, etc.

2me ANNÉE.

La deuxième année, le carré A devient B

— le carré B — C

— le carré C — A

B	C	A
Terreaux	Potasse	Azoté
Oignons	Pois	Choux

La troisième année — l'assolement se poursuit et la rotation recommence. Ainsi tous les légumes passent successivement sur toutes les parties du potager, dont le sol s'améliore rapidement et rend avec usure les quelques soins que demandent la préparation de l'assolement ci-dessus.

3me ANNÉE.

C	A	B
Potasse	Azoté	Terreaux
Pois	Choux	Oignons

Les ASPERGES se trouvent très bien de l'engrais des *Grapperies S*, à raison de 200 gr. par mètre carré, semé avant l'hiver ; sitôt qu'on a découvert les racines — recouvrir l'engrais de quelques centimètres de terre.

FRAISIERS. — Avant de planter, bêcher le terrain, puis épandre l'engrais sur le sol, 300 gr. au mètre carré et l'enterrer légèrement à l'aide d'un gros râteau. Engrais *Grapperies S*. — Cela suffit pour trois ans.

Le fraisier, si rebelle à l'engrais chimique, se trouve merveilleusement bien de cet engrais organique. Depuis longtemps je l'emploie avec succès. (Voir page 253, année 1873, l'article élogieux du *Bulletin d'Arboriculture de Belgique* sur une visite à mes cultures de fraisiers, cultures d'amateur.)

La pomme de terre. — La pomme de terre se cultive souvent hors du potager, et des espaces considérables lui sont parfois réservés. M'inspirant des conseils et des expériences (1) d'un savant aussi modeste que capable, M. Aimé Girard (2), j'ai obtenu à Bailleul, en 1889, 1890, 1891 et 1892 des résultats tout à fait concluants.

La fig. 20 représente, d'après une photographie, l'aspect de la récolte de 1889, dont le rendement a varié suivant les variétés, toutes cultivées dans les mêmes conditions, entre 28,000 et 49,000 k. à l'hectare.

Fig. 20. — Récolte de pommes de terre cultivées d'après la méthode Aimé Girard-Variété Richter Impérator. Rendement, 45000 kilogs à l'hectare. Octobre 1889.

On avait enterré à l'automne 20,000 k. de fumier à l'hectare en pratiquant un labour d'une profondeur de 45 c. obtenu avec une bonne charrue suivie d'une fouilleuse.

Au printemps, 15 jours avant la plantation, on avait semé et hersé rigoureusement l'engrais suivant :

200 k. nitrate de soude......	(3)
500 k. scories phosphoreuses.	soit 1000 k. à l'hectare.
300 k. sulfate de potasse.....	

(1) Recherches sur la culture de la pomme de terre — par Aimé Girard, — Paris, Gauthier Villars, quai des Grands Augustins, 55.

(2) M. Aimé Girard, professeur à l'Institut agronomique et au Conservatoire des arts et métiers, ayant constaté que le rendement moyen à l'hectare de la pomme de terre en France ne dépassait pas 7,500 k. à l'hectare, tandis qu'il atteignait le double en Allemagne, a voulu se rendre compte des meilleurs procédés à employer pour améliorer nos rendements. Ses expériences à la ferme-école de Joinville ont été publiées et ont largement contribué à perfectionner sur toute l'étendue du territoire français, les procédés employés jusqu'à ces dernières années.

(3) J'expérimente diverses formules d'après les principes qui m'ont amené à composer les engrais *Grapperies* et *Papillon*, et j'espère l'an prochain pouvoir offrir au public un engrais spécial pour la pomme de terre, dont le rendement sera supérieur, à dépense égale, aux formules exclusivement composées d'engrais minéraux.

Les semences avaient été choisies parmi les tubercules moyens, plantés entiers, d'un poids approximatif de 80 à 90 grammes, à raison de 33,000 pieds à l'hectare, pour les variétés à feuillage vigoureux, comme la *Richter*, et 40,000 à 50,000 pieds pour les variétés, à végétation moyenne comme la *marjolaine*.

Les rendements, constatés par de nombreux témoins, ont varié suivant les espèces, dans les années suivantes 1890, 1891 et 1892, entre 30,000 et 54,000 k. à l'hectare.

La pomme de terre ne s'accommode pas de certains engrais ; le purin notamment ne lui réussit pas, et dans certaines terres saturées de cette matière, le rendement devient nul. J'en ai eu des preuves concluantes. *Ceci prouve une fois de plus, que les plantes ne sont pas indifférentes à* **la forme** *sous laquelle les engrais sont administrés.*

La nature du sol joue ici un rôle considérable. Dans les terrains bien pourvus de calcaire, il vaut mieux donner l'acide phosphorique sous forme de superphosphate, tandis que dans nos terres franches du Nord, où le calcaire fait plutôt défaut, les scories phosphoreuses, abondantes en chaux, doivent être préférées.

Pour les parcelles de terrains variant entre quelques ares et 50 ares, on aura tout avantage, après avoir enterré du fumier avant l'hiver à raison de 200 k. à l'are, au moyen d'un labour profond, de semer à fourches au printemps, 100 gr. par mc d'engrais des *Grapperies* additionné d'un poids égal de cendres provenant de détritus divers. La dépense sera à peine plus élevée et sera largement compensée par un rendement plus élevé.

Tomate. — La Tomate est avide d'engrais, et s'accommode parfaitement de ceux qui sont indiqués pour la pomme de terre. Ce sont, du reste, deux plantes de même famille.

OBJECTIONS.

On ne manquera pas de présenter diverses objections, de dire par exemple : *que l'on ne tient pas assez compte de la nature du sol.*

Nous avons vu plus haut, que dans la culture florale et celle des plantes cultivées en pot, on ne se servait que de quelques terres, les mêmes partout, terres spéciales de bruyère ou de feuilles, terreaux divers, terres de gazon ou bonne terre franche; le tout employé isolément ou mélangé suivant la nature des plantes à cultiver.

La question du sol n'a donc aucune importance dans ce cas.

Pour la culture fruitière, j'ai indiqué les amendements à apporter à la nature des sols, suivant le but à atteindre. Les résultats obtenus sont assez concluants pour ne pas être obligé d'insister.

La culture maraîchère intensive à la porte des villes, emploie de telles quantités de fumier, que l'on n'a pas à tenir compte du sol ; on ne cultive que dans du terreau pur.

Quant à la grande culture maraîchère, elle elle ne saurait être pratiquée avec profit que dans un sol de première qualité, dans lequel le fumier joue un rôle actif, quoique très souvent on ne peut, à cause du prix élevé des transports, en fournir un apport assez considérable pour qu'il soit considéré comme engrais. Il est plutôt un amendement. Il se transforme en humus qui retient l'eau des pluies, rend la terre plus perméable et par sa nature renfermant le microbe de la nitrification, aide puissamment à l'assimilation des engrais. Mais il est nécessaire d'ajouter des éléments nutritifs et je crois que ceux qui voudront mettre en parallèle les engrais minéraux avec les engrais Grapperies ou Papillon, suivant les cas (1), en tenant compte non seulement de la dépense, mais bien entendu aussi, du rendement des récoltes, ceux-là, dis-je, trouveront, en faveur des derniers, un avantage marqué.

Ce qui est vrai pour la grande culture maraîchère, l'est aussi pour le potager (2).

Plus souvent encore on objectera le prix, qui à première vue semblera élevé. — Je ne m'attarderai pas à démontrer davantage (je crois l'avoir fait suffisamment dans le cours de cette brochure), que la forme sous laquelle les éléments de fertilité sont présentés a une importance capitale. Je ne m'étendrai pas sur le coût toujours bien plus élevé des éléments de nutrition sous forme organique que sous forme minérale ; malgré tout ce qui a été dit sur cette matière, la pratique a reconnu des avantages marqués aux engrais organiques dans un grand nombre de cas, et le prix de l'unité d'azote et d'acide phosphorique est toujours resté bien plus élevé lorsqu'il est d'origine animale, que lorsqu'il provient de minéraux (3).

Je ferai toutefois remarquer que les engrais Grapperies et Papillon, sont composés presqu'entièrement de matières organiques, d'origine animale, par conséquent les plus coûteuses, de tout premier choix; qu'ils reçoivent des manipulations qui les préparent à une assimilation raisonnée et progressive, qu'ils sont parfaitement mélangés, bien divisés, bien pulvérulents et très secs. L'acide phosphorique notamment a pour unique provenance, les os sous diverses formes (4).

Mais tout cela n'aurait que peu de valeur si le rendement n'était pas satisfaisant. Les essayer sérieusement, c'est les adopter.

---

(1) Voir l'emploi des Grapperies ou Papillon suivant les récoltes à obtenir, page 54 et 55.

(2) Il sera bon d'amender la terre quand ce sera nécessaire.

(3) Il y a cependant des exceptions, le cuir, par exemple, avec lequel on peut donner à un engrais un titre d'azote relativement élevé, et cependant cet azote n'a qu'une minime valeur, puis qu'il ne se livre pas ou presque pas. Il en est de même pour certains phosphates naturels qui demeurent inertes dans le sol. Les engrais Grapperies et Papillon sont garantis sans un atôme de cuir.

(4) Le dosage de mes engrais est garanti. A tout achat de 100 kil. et au-dessus, je joindrai à la facture, quand on m'en fera la demande, la teneur en azote, acide phosphorique et potasse.

En culture florale et en pots rien n'est plus simple de faire des essais en petite quantité. Le résultat sera appréciable dans le cours de l'année. Il en est de même pour les massifs de fleurs. La dépense sera insignifiante en considérant l'effet obtenu.

Pour les gazons, il sera très facile d'opérer sur des petites parcelles, d'expérimenter le Papillon et les Grapperies ; suivant la nature du sol et celle des engrais qu'on aura utilisés précédemment, le résultat pourra faire pencher la balance en faveur de l'un ou de l'autre, et on saura quel est celui que l'on doit adopter.

Dans la grande culture maraîchère on pourra aussi se rendre compte vers la fin de l'année du mérite des engrais, et on le verra mieux encore la seconde année. Il en est de même pour le potager.

Quant aux arbres fruitiers, il faut nécessairement quelques années pour se rendre compte du résultat. L'amélioration sera progressive.

C'est dans la plantation et dans le surfaçage des vignes sous verre que la dépense pourra sembler élevée au premier abord, et cependant en y réfléchissant, cette dépense n'est qu'apparente. Si on a dépensé, par exemple, 3,000 fr. pour construire une serre, et que l'on veuille faire une économie sur les frais d'une plantation, ce qui se traduit par une récolte insignifiante, aura-t-on bien opéré ? Est-ce que les frais d'installation, d'amortissement et d'entretien ne seront pas les mêmes, quelle que soit la récolte ? La serre coûtera toujours 300 fr. par an, en comptant l'amortissement et l'intérêt, sans parler des frais d'entretien. Ne vaut-il pas mieux dépenser 150 ou 200 fr. de plus en s'assurant de bonnes plantes, en opérant un bon défoncement avec l'engrais indispensable, et pouvoir ainsi compter sur de bonnes récoltes, que de se morfondre chaque année devant une serre sans fruits ?

Inutile d'insister sur la réponse....

L'expérience sera la meilleure démonstration.

AVIS

J'ai cru bien faire, à la fin de ma brochure, de citer les noms de divers industriels sérieux, pouvant être consultés avec avantage par ceux qui voudraient construire des serres et établir des chauffages.

J'ai cru bien faire aussi, pour les amateurs qui désireraient s'abonner à un ou plusieurs journaux horticoles, de citer les noms des publications les plus recommandables.

LES
SERRES-VERGERS

Traité complet de la culture forcée et artificielle

DES ARBRES FRUITIERS
Ed. PYNAERT

ARCHITECTE DE JARDINS

PROFESSEUR A L'ÉCOLE D'HORTICULTURE DE L'ÉTAT A GAND

4me ÉDITION

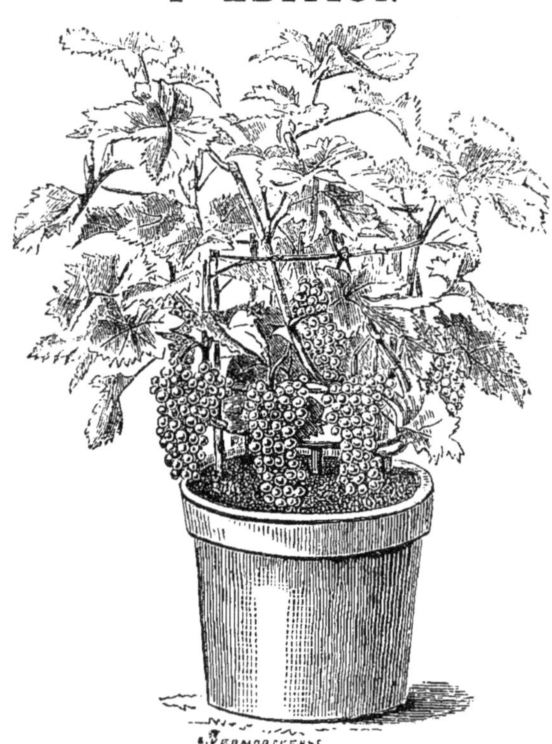

Gravure extraite des *Serres-Vergers*.

Ouvrage illustré de 134 gravures représentant les applications de la culture forcée et artificielle en Angleterre, en Allemagne, en France, en Belgique, etc...

Le seul ouvrage en français traitant d'une façon complète la culture sous verre.

PRIX : **7** fr. **50**

On peut se le procurer en adressant à M. ANATOLE CORDONNIER, à Bailleul (Nord), *un mandat-poste de* **7** *fr.* **50**, *ajouter* **60** *centimes pour le recevoir franco en gare.*

ENGRAIS DES

GRAPPERIES

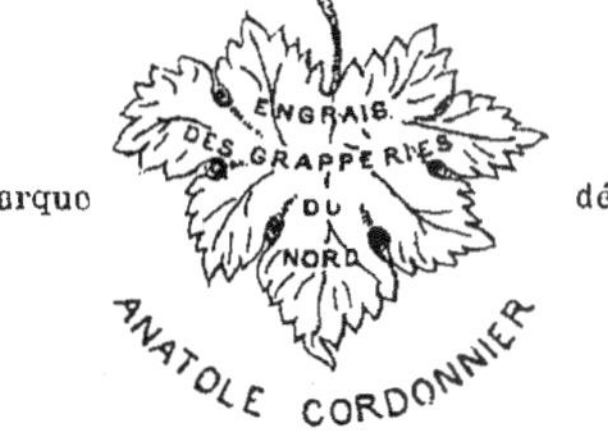

Marque　　　　déposée.

DOSAGE　　　　GARANTI

Fabriqué exclusivement à BAILLEUL (Nord),
par **M. ANATOLE CORDONNIER.**
POUR

VIGNES ET ARBRES FRUITIERS
de serre, d'espalier et de plein air
ARBRES EN POTS. — FRAISIERS.

GAZONS. — PELOUSES. — LAWN-TENNIS.

CULTURE POTAGÈRE

Convient spécialement à toutes les plantes cultivées
pour l'abondance de leurs fleurs, telles que

PÉLARGONIUMS, PETUNIAS, GÉRANIUMS, HÉLIOTROPES, ŒILLETS, ETC.

MODE D'EMPLOI
très détaillé dans la brochure, Engrais pratiques en horticulture.

S'adresser à **M. Anatole CORDONNIER,** à Bailleul (Nord)

1000 k. pour **450** fr.	50 k. pour **35** fr.	
500 k. » **250** fr.	25 k. » **20** fr.	
100 k. » **60** fr.	12 k. 500 pour **12** fr. **50**.	

MARCHANDISE EN SACS PLOMBÉS PRISE EN GARE DE BAILLEUL.

Des colis postaux sont envoyés FRANCO GARE contre envoi
d'un mandat-poste à M. ANATOLE CORDONNIER, à Bailleul.
Colis de 5 k. pour **7** fr. **50**, colis de 3 k. pour **5** fr.

Pour faciliter l'essai de ces engrais, on trouvera dans toutes les bonnes maisons de graines :
Des boîtes de 1 k. pour **2** fr. **50**.
Des sacs plombés de 3 k. pour **5** fr.
» » 5 k. pour **7** fr. **50**.

ENGRAIS AU
PAPILLON

Mode d'emploi
bien détaillé

MARQUE

DOSAGE

dans la brochure
« les Engrais pratiques
en horticulture. »

DÉPOSÉE

GARANTI

Fabriqué exclusivement à BAILLEUL (Nord)
par ANATOLE CORDONNIER
POUR

CHRYSANTHÈMES A GRANDES FLEURS
ROSIERS

Cet engrais convient tout particulièrement aux plantes
cultivées pour la beauté de leur feuillage ou de leurs fleurs

FUSCHIAS, CINÉRAIRES, CALCÉOLAIRES, PRIMEVÈRES, GÉRANIUMS, ŒILLETS, ETC.

PALMIERS

ASPIDISTRAS, BEGONIAS, FICUS, COLEUS, ETC.

Plantes en pots. — *Il suffit de le mélanger aux terreaux et terres
destinés aux rempotages, dans la proportion de 3 à 5 kil. pour une proportion de 100 kil. de terre ou terreau.*

MASSIFS DE FLEURS

TELS QUE : CANNAS, DAHLIAS, HORTENSIAS, GÉRANIUMS, ETC.

Il suffit avant la plantation des massifs de répandre 100 à 200 gr. d'engrais
papillon par mètre carré, sur la surface du massif et de fourcher l'engrais
à 10 centimètres de profondeur.

MODE D'EMPLOI bien détaillé dans la brochure ENGRAIS PRATIQUES en HORTICULTURE

Adresser les commandes à M. ANATOLE CORDONNIER, à Bailleul (Nord)

1000 kil. pour **500** fr.	**50** kil. pour **40** fr.
500 — **300** fr.	**25** — **25** fr.
100 — **75** fr.	**12** k. **500** pour **15** fr.

MARCHANDISE EN SACS PLOMBÉS PRISE EN GARE DE BAILLEUL

*Des colis postaux sont envoyés — franco gare —
contre envoi d'un mandat-poste à* M. Anatole Cordonnier, *à Bailleul*
Colis de **3** kil. pour **5** fr. — Colis de **5** kil. pour **7** fr. **50**

Pour faciliter l'essai de ces engrais, on trouvera dans toutes les bonnes maisons de graines :
Des boîtes de 1 kil. pour 2 fr. 50
Sacs plombés de 3 kil. pour 5 fr. — Sacs plombés de 5 kil. pour 7 fr. 50

GRAPPERIES DU NORD.

BAILLEUL (Nord). ——— **BAILLEUL (Nord).**

SPÉCIALITÉ

ARBRES EN POTS

VIGNES

VIGNES D'UN AN, pour plantations de serre,
VIGNES DE L'ANNÉE EN VÉGÉTATION, les meilleures pour planter en serre pendant le cours de l'année (voir page 23).
VIGNES DE DEUX ANS, pour fructifier en pots ou produire de suite.

PÊCHERS
—
PRUNIERS
—
POIRIERS
—
POMMIERS.

CERISIERS
—
ABRICOTIERS
—
GROSEILLERS
—
FIGUIERS.

AVIS IMPORTANT :
A l'exception de la vigne et du pêcher, tous les autres arbres en pots ne réclament pas nécessairement une serre. Il suffit de les rentrer le soir, quand le temps est à la gelée, sous un hangar, ou de les abriter avec quelques toiles.

Quand les fruits sont noués, il suffit de les enterrer aux trois quarts dans une plate-bande, protéger la partie supérieure du pot avec un léger paillis, et donner les soins nécessaires d'arrosage, pincement, seringuages, etc... Consulter le catalogue pour les meilleures variétés à cultiver en pots.

POIRIER EN POT DE LA VARIÉTÉ LOUISE BONNE D'AVRANCHES.

Le catalogue illustré sera envoyé GRATIS et FRANCO sur demande affranchie.
Il paraîtra en septembre.

ANATOLE CORDONNIER, BAILLEUL (Nord).

H^{OR} MOUQUET

Constructeur, rue de Paris, 161, à LILLE.

Spécialité de chauffage par

THERMOSIPHONS

pour serres à vignes et autres.

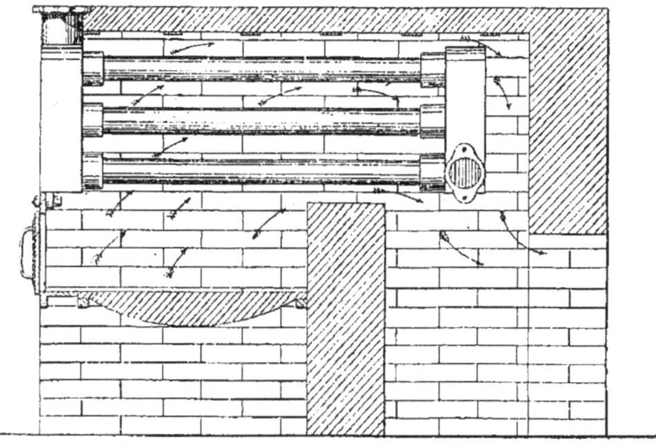

Coupe longitudinale du fourneau

CHAUDIÈRE THERMOSIPHON LA PLUS ÉCONOMIQUE

dépensant le moins de combustible

1400 INSTALLATIONS

**70 Médailles, Or, Vermeil, Argent et Bronze
aux Expositions Universelles et Horticoles.**

APPLICATION DU CHAUFFAGE A EAU CHAUDE AUX

HABITATIONS

par des procédés nouveaux, avec ventilation, système le plus économique qui existe.

CHAUDRONNERIE EN TOUS GENRES

TUYAUX EN CUIVRE, EN FER ET FONTE, ROBINETS

Tuyaux à ailettes.

USINE DU VEXIN

Fondation L. GRENTHE

PARIS, — 83, rue d'Hauteville, 83, — PARIS

Ateliers de Construction et Bureaux : **Pontoise,** (Seine-et-Oise.)

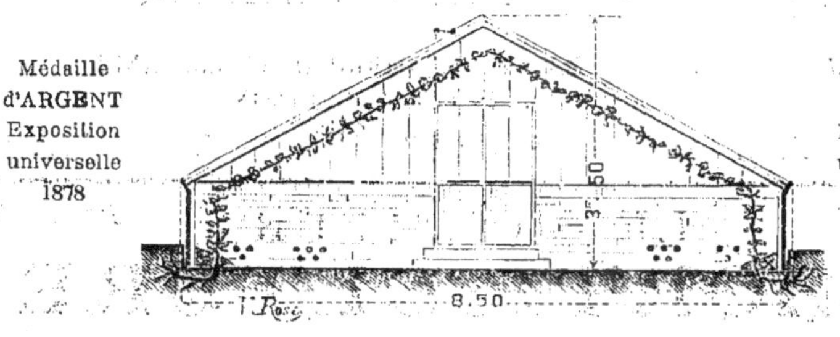

Serres industrielles pour Vignes et grande culture
en fer, — fer et bois — et tout en bois. — Système breveté S. G. D. G.
PRIX SUIVANT IMPORTANCE

SERRES POUR TOUTES APPLICATIONS
Nouvelles dispositions Brevoté S. G. D. G.
POUR CHAUFFER PAR CIRCULATION D'EAU CHAUDE ET VAPEUR A BASSE PRESSION
applicables aux
Serres, Ecoles, Hopitaux, Habitations, etc.

LE PETIT JARDIN

ILLUSTRÉ HEBDOMADAIRE

JOURNAL DE JARDINAGE PRATIQUE
Le meilleur marché de tous les journaux horticoles

5 FRANCS PAR AN
LE NUMÉRO : **10** centimes. — *CHAQUE SEMAINE*

EN VENTE :

DANS TOUTES LES GARES.

JOURNAL DES ROSES

(Rosa inter Flores)

Publication mensuelle spéciale fondée par
COCHET SCIPION
Horticulteur Rosiériste
GRISY-SUISNES (Seine et Marne)

Abonnement : un an 12 francs pour la France
»   »   13,20 francs pour l'Etranger

S'ADRESSER AU BUREAU DU JOURNAL DES ROSES A GRISY-SUISNES.

67ᵉ ANNÉE — Parait le 1ᵉʳ et le 16 de chaque mois — 67ᵉ ANNÉE

REVUE HORTICOLE

JOURNAL D'HORTICULTURE PRATIQUE

FONDÉ EN 1829

Par les auteurs du " BON JARDINIER "

20 FR. PAR AN — 20 FR. PAR AN

Rédacteurs en chef : **MM. E.-A. CARRIÈRE** et **ED. ANDRÉ**
Administrateur : **M. L. BOURGUIGNON**

26, rue Jacob — *PARIS* — *26, rue Jacob*

19ᵉ Année — 19ᵉ Année

LE MONITEUR D'HORTICULTURE

FONDÉ EN 1877 PAR JEAN CHAURÉ

Parait le 10 et le 25 de chaque mois

6 fr. par an France et Union Postale

12 fr. par an avec 12 aquarelles

Propriétaire-Directeur et Rédacteur en chef :
LUCIEN CHAURÉ, ❀ ☙
Secrétaire de la Rédaction :
OTTO BAILLIF

14, rue de Sèvres — **PARIS** — **14, rue de Sèvres**

9ᵉ ANNÉE — 9ᵉ ANNÉE

LE JARDIN

Journal bi-mensuel d'horticulture générale

Fondé par M. A. Godefroy-Lebeuf

12 fr. par an — 12 fr. par an

DIRECTEUR-RÉDACTEUR EN CHEF
H. MARTINET

13, rue de Bruxelles — *PARIS* — *13, rue de Bruxelles*

17ᵉ Année — 17ᵉ Année

LYON-HORTICOLE

REVUE

BI-MENSUELLE D'HORTICULTURE

8 fr. par an — 8 fr. par an

RÉDACTEUR EN CHEF : VIVIAND-MOREL, ✠

Pour abonnements, rédaction et administration, s'adresser à

M. VIVIAND-MOREL, 66, COURS LAFAYETTE, VILLEURBANNE-LES-LYON

BAILLEUL (Nord) **ANATOLE CORDONNIER** BAILLEUL (Nord)

DISPONIBLES

PAR MILLIERS, EN AOUT ET SEPTEMBRE

AZALÉES DE L'INDE

OFFRE SPÉCIALE D'E BEAUX EXEMPLAIRES,

de 3, 4, 5 ans et plus, à des prix plus avantageux
qu'en Belgique

DES MEILLEURES VARIÉTÉS

Choisies parmi les plus florifères, les plus rustiques, et les plus jolies

TELLES QUE :

Deutche Perle, blanc éclatant, se force bien.
Mme Van der Cruyssen, rose unie, se force bien.
Sigismond Rucker, rose pâle, strié bordé blanc. Une des plus
estimées pour forcer.
Vervaeneana, fleur superbe, rose saumoné, bordé blanc.
Simon Madner, rose vif. Très grande fleur double.
Versicolor, blanc strié rouge.
Bernard Andréa Alba, blanc pur. Tardif.
Empereur de Brésil, superbe fleur double, rose vif strié.
Impératrice des Indes, fond rose saumoné, bordé blanc.
etc......

DÉCORATION des SALONS et VÉRANDAS

EN JANVIER, FÉVRIER, MARS, AVRIL

ASSORTIMENTS

D'AZALÉES FLEURIES

en coloris variés

EXPÉDIÉS PAR PANIERS DE 5 A 9 PLANTES, SUIVANT GRANDEUR

Aux prix de 20 à 30 fr. le panier

EMBALLAGE 1 ^FR. 50 EN SUS

S'adresser à M. Anatole CORDONNIER, à Bailleul (Nord)

VERMOREL

Constructeur, à VILLEFRANCHE (Rhône).

MATÉRIEL VITICOLE ET VINICOLE COMPLET.

L' " ÉCLAIR ,,

Le meilleur
de tous les pulvérisateurs.

365 PREMIERS PRIX

BON FONCTIONNEMENT

SOLIDITÉ

DURÉE

35 fr. franco

toutes gares de France.

LA " TORPILLE ,,

DISTRIBUTION PARFAITE DES POUDRES ET DU SOUFRE

Prix : 25 fr. franco
toutes gares de France.

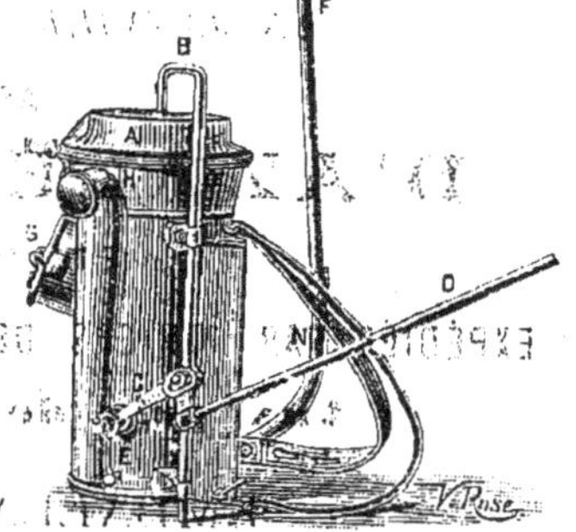

APPAREILS

POUR LA DESTRUCTION DES INSECTES

MATÉRIEL

POUR LA TAILLE ET LE GREFFAGE.

ENVOI FRANCO DU CATALOGUE GÉNÉRAL DE LA MAISON VERMOREL
(volume de 288 pages avec 369 figures) contre **30** cent. en timbres.

PÉPINIÈRES CROUX✳ ET FILS✳✳❦

Vallée d'Aulnay, à CHATENAY (Seine).

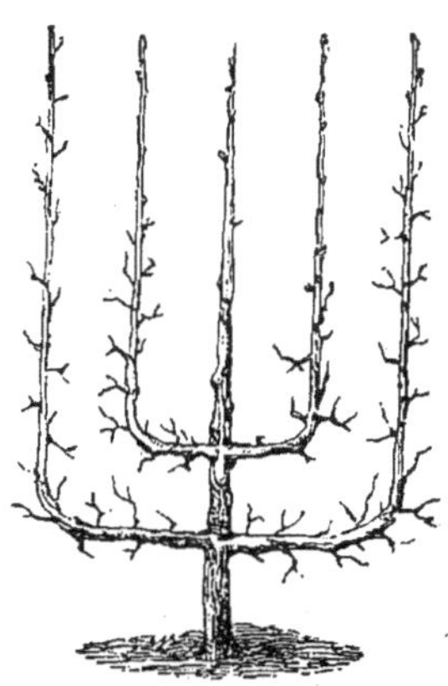

Très grand assortiment de *vignes* cultivées spécialement pour serres, avec sarments de 2 à 3 mètres de longueur, et d'*arbres formés* spéciaux pour forçage.

Les pépinières du Val d'Aulnay, sont les plus riches et les plus importantes en *arbres fruitiers formés* et *d'ornement, en sujets de toutes forces.*

CATALOGUE FRANCO SUR DEMANDE.

ÉTABLISSEMENT D'HORTICULTURE
ED. PYNAERT-VAN GEERT
GAND (Belgique).
Médailles d'or, Œuvre d'art, Diplôme d'honneur,
aux Expositions internationales d'horticulture de Gand, Anvers,
Tourcoing, St-Pétersbourg en 1893 et 1894.

GRANDES CULTURES EN TOUS GENRES
**Plantes de serres, d'appartement et d'orangerie,
Collection d'Azalées, de Rhododendrons et d'arbustes**
de tout premier choix.

ENVOI FRANCO DES CATALOGUES SUR DEMANDE AFFRANCHIE.

GRATIS ET FRANCO
Nous adressons sur demande nos catalogues trimestriels illustrés, brochures gr. in-8° illustrés contenant les noms, descriptions et prix de nos importantes collections : **d'arbres** et **arbustes fruitiers, forestiers** et **d'ornement, arbustes à feuilles caduques et persistantes, conifères, rosiers, jeunes plants,** etc.

Plantes de pleine terre et de serre pour l'ornementation estivale des jardins. Collections sans rivales.

SPÉCIALITÉ DE CHRYSANTHÈMES :
Nos nouveautés et celles de tous les semeurs français et étrangers.
— 50 HECTARES DE CULTURE —

BRUANT, horticulteur, à POITIERS (Vienne).

15 DIPLOMES D'HONNEUR

70 Médailles Or, Argent, Bronze

43 ANNÉES DE SUCCÈS

EXPOSITIONS UNIVERSELLES
de 1867, 1876, 1889

SEULE MÉDAILLE
accordée
à cette industrie

MASTIC L'HOMME LE FORT
Reconnu le meilleur par tous les horticulteurs

POUR

GREFFER A FROID

Cicatriser les Plaies

DES ARBRES ET ARBUSTES

INDISPENSABLE AU GREFFAGE DE LA VIGNE

Usine : 40, rue des Solitaires, PARIS

Se vend par boîtes de **O** fr. **50** c., **1** fr., **2** fr.
Boîtes de 2, 3, 4, 5 kilos à **2** fr. le kilo.

PEINTURE ANTICORROSIVE ET HYDROFUGE
dite ANTI-CORROSION

Durant deux fois aussi longtemps *que toute* peinture à la céruse
et revenant MEILLEUR MARCHÉ

SPÉCIALITÉ POUR SERRES, CHASSIS, CLAIES, ETC.

CONDAMNE L'HUMIDITÉ ET DURCIT A L'AIR

20 Nuances pour l'Extérieur .... } **toutes faites en poudre**
28 Nuances pour l'Intérieur..........

Fournisseur de la Ville de Paris, de Chemins de fer, de grands Constructeurs, Architectes.
Entrepreneurs, Horticulteurs, Propriétaires de Châteaux, etc.

TARIF ÉCHANTILLONNE FRANCO

18 Médailles

M. VILLAIN, *couleurs, verres à vitres*, **13**, rue Vitruve, **Paris**

EUGÈNE COCHU
CONSTRUCTEUR-BREVETÉ

SERRES EN FER ET SERRES EN BOIS

SERRES
A
VIGNE
ET A
FRUITS

CHASSIS
—
COFFRES
—
BACHES
—
CHAUFFAGES

USINE ET BUREAUX ; 19 ET 23, RUE PINEL, SAINT-DENIS (SEINE)

GRAPPERIES DU NORD

FRAISIERS EN POTS

Spécialement préparés pour la culture

SOUS VERRE OU SOUS CHASSIS

Certaines variétés de fraisiers donnent d'excellents résultats en serre à vigne chauffée ou non, voire même dans des vérandas bien éclairées et aérées.

Dans une serre non chauffée, on devance de trois semaines la pleine terre, et la réussite est assurée avec des plantes bien préparées, car une bonne préparation est absolument indispensable.

On trouvera toujours, AUX GRAPPERIES DU NORD, des plantes bien préparées pour la culture sous verre, aux conditions suivantes :

A partir de la fin août et en septembre, jeunes fraisiers enracinés en pots, à 20 francs le cent, et à 3 fr. la douzaine, sauf aux prix marqués.

Marguerite. — La meilleure pour forcer en 1re sàison; la seule pouvant donner du fruit en janvier et février. — Noue ses fruits même en serre chaude, du moment où il y a de la lumière.

Docteur Morère. — 2e et 3e saison, beau et bon fruit. Très estimé. Gros fruit rouge vif orangé à graine saillante : le plus cultivé en primeur aux environs de Paris.

Louis Vilmorin. — 2e et 3e saison, excellent fruit vermillon foncé. C'est la variété la plus cultivée en Belgique.

Mac-Mahon. — 3e saison, très beau et bon fruit, réussit admirablement en serre non chauffée. — J'ai récolté sous verre des fruits de 8 centimètres de diamètre.

Noble. — 2e et 3e saison. C'est une nouvelle venue. Fruits absolument sphérique: très précoce, a donné d'excellents résultats, détrônera peut-être ses aînées. Excellente qualité, plus fertile que toutes les variétés connues: 5 fr. la douzaine.

En Novembre, très belles plantes toutes prêtes à forcer ou à rentrer en serre, en pots de 17 centimètres : 12 fr. la douzaine.

NOBLE : 15 fr. la douzaine.

ADRESSER LES COMMANDES A M. ANATOLE CORDONNIER
à BAILLEUL (Nord)

SEYNAVE-DUBOCAGE, Constructeur

Rue de la Fosse-aux-Chênes, 27, ROUBAIX

THERMOSIPHONS
ou Chauffage par circulation d'eau chaude
pour Serres, Jardins d'hiver et Appartements

TUYAUX EN FER de tous diamètres de 4^m50 à 6 mètres de longueur.

TUYAUX SPÉCIAUX EN FONTE pour chauffage à eau chaude, long. 2^m85

PIÈCES ET RACCORDS SPÉCIAUX EN FONTE POUR LE MONTAGE DES TUYAUX

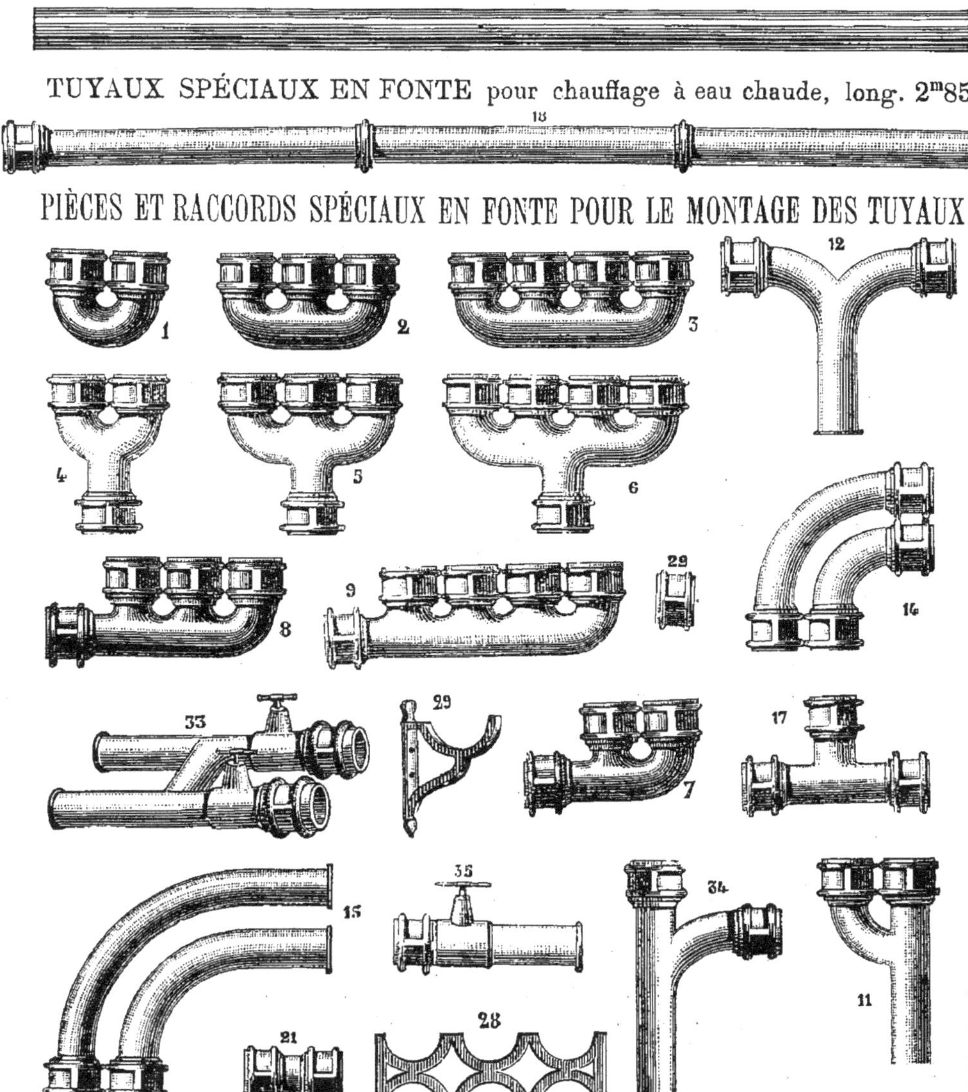

SERRES & CHAUFFAGES

F. GUILLOT PELLETIER

ORLÉANS

(LOIRET)

VINS DE SAINT-ÉMILION

Vins classés, de **800** à **200** fr. la barrique de 225 litres. — Moitié prix pour la demi-barrique de 112 litres.

Vins grands ordinaires, de **140**, **125**, **105**, **100** fr. la barrique. — Rendu *franco port et régie en gare destinataire, sauf octroi*.

Adresser commandes à M. DUPLESSIS-FOURCAUD, à Saint-Émilion (Gironde)

ENVOI DE PRIX-COURANTS ET ÉCHANTILLONS SUR DEMANDE AFFRANCHIE

MÉDAILLES D'OR : PARIS 1867, 1878 ET 1889. MOSCOU 1891. VICHY 1892

PARAIT LE LUNDI DE CHAQUE SEMAINE

2ᵉ ANNÉE

REVUE

DE

VITICULTURE

publiée sous la direction

de P. VIALA et L. RAVAZ

2ᵉ ANNÉE

12 fr. par an

12 fr. par an

RÉDACTION ET ADMINISTRATION :

PARIS   5, *rue Gay-Lussac*, 5   PARIS

LOUIS LHERAULT

HORTICULTEUR-CULTIVATEUR

29, rue des Ouches. — ARGENTEUIL (Seine-et-Oise)

ASPERGES, FIGUIERS, FRAISIERS, VIGNES EN POTS

ÉTABLISSEMENT HORTICOLE

DE

ROUBAIX-TOURCOING

HORTICULTURE GÉNÉRALE

Graines, Oignons à fleurs, plantes vivaces

ARTICLES DE PÉPINIÈRE

Plantes de Terre de Bruyère, Rosiers, etc. — Plantes de Serre variées.

ORCHIDÉES

Plantes préparées spécialement pour

MASSIFS ET CORBEILLES

ART DES JARDINS

Entreprise générale de l'agencement des Parcs et Jardins

PLANS — DEVIS

CONSTRUCTIONS DIVERSES INHÉRENTES A L'ART DES JARDINS

Direction des travaux dans les propriétés publiques et privées

Nous avons comme collaborateurs un groupe d'hommes d'élite, ayant à leur actif, un grand nombre de travaux très importants et très appréciés.

BERAT

Élève diplômé du Gouvernement

EX-DIRECTEUR DES JARDINS PUBLICS DE LA VILLE DE ROUBAIX

10, rue du Curé, à ROUBAIX (Nord)

Cultures : **Boulevard Gambetta, à TOURCOING**

Pépinières : **à LANNOY.**

CHAUFFAGE

(Eau chaude, Vapeur, Air chaud,
Ventilation)

Paul LEBŒUF (O✳) et GUION

INGÉNIEURS-CONSTRUCTEURS

14, et 16, RUE DES MEUNIERS,

près la porte de Charenton.

(Ci-devant, 7, rue Vésale)

APPAREILS PERFECTIONNÉS

(Brevetés s. g. d. g.)

Pour le chauffage de Serre et Jardin d'hiver.

1893

Prix d'honneur du Ministre de l'Agriculture.
Premier prix aux Concours des Appareils
fonctionnant à l'Exposition Internationale de
Gand (Belgique).

1893

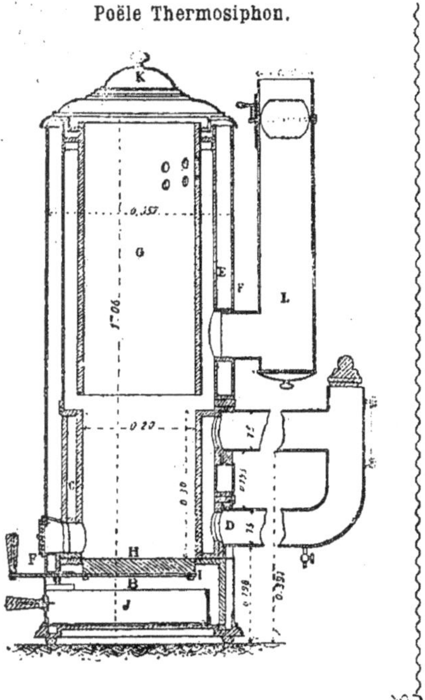
Poële Thermosiphon.

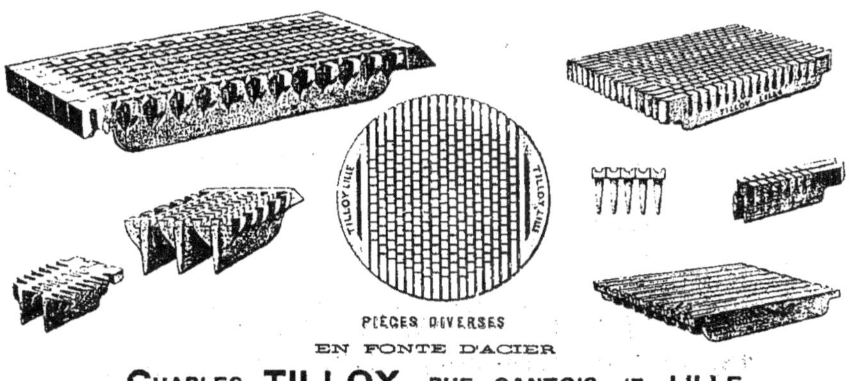

EXPÉDITIONS DE

RAISINS FRAIS

TOUTE L'ANNÉE

Depuis 2 kilogr.

Dans toutes les localités où mes produits ne se trouvent pas chez les Négociants en primeurs.

S'adresser à **M. Anatole CORDONNIER**, à BAILLEUL (Nord)

Qui enverra franco le prix-courant.

Prix très variables suivant les époques, de **1** *fr.* **50** *à* **10** *fr. le Kg.*

A titre de renseignements, les prix varient à peu près comme suit : *Janvier* à *Mars,* de **3,50** à **10** fr. le kilog. — *Avril* et *Mai* de **5** à **10** fr. le kilog. — *Juin* de **3** à **8**. — *Juillet* de **3** à **5** fr. — *Août* de **2** à **3** fr — *Septembre* de **1,50** à **2,50**. — *Octobre* de **2** à **3** fr. — *Novembre* de **2,50** à **4** fr. — *Décembre* **3** à **5** fr.

CHRYSANTHÈMES

A

GRANDES FLEURS COUPÉES

POUR DÉCORATION DE VESTIBULES, VÉRANDAS, SALONS, APPARTEMENTS

CADEAUX

Du 15 Octobre au 15 Décembre,

On peut se faire expédier de l'établissement des grapperies, des paniers de chrysanthèmes à grandes fleurs coupées. Tiges de 60 centimètres à un mètre de longueur.

Au prix unique de 20 fr. le panier

EMBALLAGE COMPRIS.

LE PANIER SE COMPOSE A LA VOLONTÉ DE L'ACHETEUR DE :

20 fleurs double extra.
30 fleurs extra.
40 fleurs 1er choix.

SPÉCIALITÉ DE FAÇADES IMPERMÉABLES

EN CIMENT, SYSTÈME ROMAIN.

PIÈCES D'EAU	CUVES POUR JARDINS
GROTTES	GRANIT ARTIFICIEL
CASCADES	PAVEMENT
PONTS	MONOLITHE POUR USINES ET
IMITATION DE BOIS RUSTIQUE	BRASSERIES.

Tous mes travaux sont garantis pour 10 ans.

PIERRE MOEBERS

38, quai de Longdoz, à LIÈGE (Belgique.)

SERRES ROULANTES

en tous genres, fer, bois, Brevetées s. g. d. g.

THERMOSIPHONS AVEC TUYAUX

sur roulettes sans rails, Brevetés s. g. d. g.

4 MÉDAILLES
et premiers prix avec primes
aux expositions.

4 MÉDAILLES
et premiers prix avec primes
aux expositions.

Louis DELECŒUILLERIE

Constructeur Breveté, à BLANDAIN (Belgique).

Catalogue illustré franco.

PRIME D'HONNEUR

de l'horticulture, décernée à M^r

ANATOLE CORDONNIER

DE BAILLEUL.

LILLE, IMPRIMERIE L. DANEL.

www.ingramcontent.com/pod-product-compliance
Lightning Source LLC
LaVergne TN
LVHW012048030726
842523LV00002B/432